Electric equipment Experiment

전기기기실험

정완섭, 김양배 공저

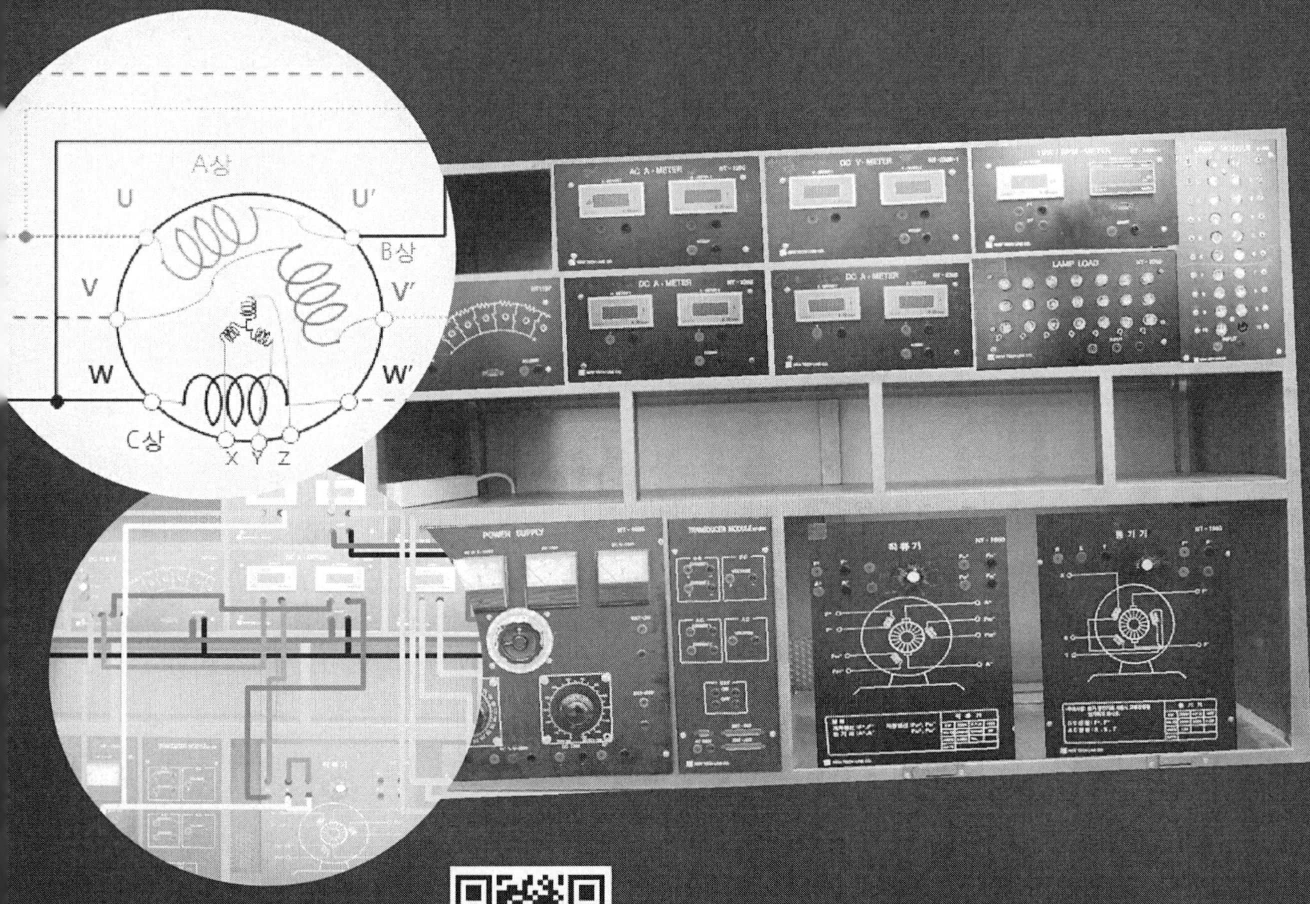

D.B.Info

CONTENTS

실험 00	전기기기실험을 위하여 알아야 할 사항	1
실험 01	사용기기 · 기구 사용법	5
실험 02	직류 전동기 기동	34
실험 03	직류 분권전동기의 속도제어	46
실험 04	직류 분권전동기 부하특성	59
실험 05	직류 직권전동기 부하특성	72
실험 06	직류 복권전동기 부하특성	85
실험 07	직류 발전기 특성	99
실험 08	동기전동기의 V곡선	117
실험 09	동기전동기의 특성 원동기	129
실험 10	3상 권선형 유도전동기 무부하시험	143
실험 11	3상 권선형 유도전동기 부하특성 실험	155
실험 12	단상변압기의 권수비 측정 및 극성Test	168
실험 13	단상변압기의 무부하특성 및 단락특성	175
실험 14	단상변압기의 3상 결선	184
실험 15	단상유도전동기 실험	190
실험 16	단상콘덴서 기동유도전동기 실험	196
실험 17	단상콘덴서 운전유도전동기 실험	199
실험 18	반발기동 유도전동기 실험	202
실험 19	전자개폐기를 사용한 단상유도전동기 제어	205

실험 00 전기기기실험을 위하여 알아야 할 사항

1 전기기기실험실에서의 유의사항

① 전기기기실험실은 교류 상용전원(AC 220[V])을 사용하는 실험실이므로 감전 등의 전기 안전사고가 발생하지 않도록 특히 주의한다.

② 전동기나 발전기 등의 회전기 동작 시 회전체에 옷 등이 끼어들지 않도록 기계적 안전에 유의한다.

③ 실험실에서는 안전사고 방지를 위하여 정숙하도록 하며, 음식물 반입을 삼가한다.

④ 사용하는 기계·기구에 대한 정격과 사용법을 정확히 알고 사용하여야 한다. 기계·기구의 사용법에 대한 이해 부족이나 부주의에 의하여 안전사고나 고장이 발생하지 않도록 주의한다.

⑤ 실험 종료 후에는 사용한 기계·기구와 주변을 잘 정리하여 다음 사용자에게 지장을 주지 않도록 한다. 추가로 사용된 부품이나 실험 장비들도 원래 위치로 반환한다.

2 전기기기실험 전에 준비할 사항

① 실험 전에 실험 목적, 관련 이론, 회로도, 실험방법 등을 확인하고 이해하도록 한다. 이해가 부족한 부분은 실험 팀원들과의 토론, 담당교수에게의 질의 등을 통하여 충분히 이해하도록 한다.

② 사용 장비와 부품 등을 실험 시작 전에 미리 선정·확보한다. 이때 사용할 장비의 정격, 특성 등이 적절히 선정되었는지 확인한다. 계측기는 AC/DC 측정모드 선택, 직렬/병렬 결선 방법 및 극성, 적절한 측정범위 선택 등을 확인한다.

③ 기계·기구의 접속 회로도를 미리 구상하여 실험이 원활하게 진행될 수 있도록 준비한다.

④ 실험 순서를 정확히 파악하여야 하며, 결과 데이터의 개략 값을 예측하고 있어야 한다. 또 결과 데이터 정리를 위한 표 등을 미리 준비하여 필요한 데이터를 충분히 확보하도록 한다.

3-1 전기기기실험 시 주의사항

① 전기기기 접속 시 항상 감전 위험이 따른다. 특히 전류가 흐르는 회로에는 인체의 접촉이 생기지 않도록 주의한다.

② 각종 기기 사용 시 과부하 차단이 될 수 있는가 확인하고 사용한다.

③ 전원 연결은 반드시 별도의 Main 스위치를 통하여 ON/OFF 시킨다.

④ Motor와 Generator 또는 Motor와 Dynamometer 등의 기계적인 결합은 견고히 고정되어야 한다.

⑤ 실험 회로를 구성하고 전원을 공급하기 전에 반드시 지도교수에게 확인을 받는다.

⑥ 전원 투입 시 또는 운전 중에 Over-load에 의한 trip이 발생하면 즉시 전원을 차단하고 그 원인을 찾아 해결한 후 동작시킨다.

⑦ 리드선 등이 회전기에 감겨 들어가거나 불필요한 접촉이 생기지 않도록 주의한다.

⑧ 실험을 완료한 후에는 해당된 모든 전원을 차단시키고 특별히 연결된 연결 코드들은 제거한다.

⑨ Motor 기동시의 기동전류는 정상 운전시의 7~10배 정도 흐르므로 전류계 연결 시 유의한다.

⑩ Field 회로나 Armature 회로에 전류가 흐르지 않는 경우가 발생되지 않도록 특히 유의한다.

⑪ Motor를 Start/Stop 할 때 또는 Main 및 Motor 전원을 ON/OFF할 때에는 Power Source를 조정하여 전압을 최소로 한 후 동작시킨다.

⑫ 계기에 전원이 필요한 경우가 있으니 확인한다.

⑬ 직류전원 공급 장치에서 전압조정 스위치의 전원 크기와 실제 전원의 크기가 다를 수 있으므로 전압 변동 시 계측기에 표시되는 값을 주시하여야 한다.

⑭ 동기기의 계자에 공급하는 DC 전압의 정격은 DC 100[V]이다.

⑮ DC 기동기의 전원전압은 0[V]에서 실험을 시작한다.

3-2 전기기기실험 시 유의 사항

① 장비는 반드시 각 실험 조에서 사용하도록 배정된 기계·기구를 사용한다. 만약 실험도중 기계·기구에 고장이 발생하거나, 고장 난 장비를 발견하면 담당교수의 조치 후 진행한다.

② 실험회로 결선 시 용도에 따라 리드선의 색상이나 길이를 구분하여 사용함으로써 결선 시 발생할 수 있는 오류를 방지한다.

③ 회로결선 후 다른 조원이 결선 회로를 점검하며, 전원 투입 전에 반드시 담당교수의 확인을 받는다.

④ 사용하는 기계 · 기구의 정격을 확인하고 이 정격 내에서 실험을 진행한다. 부득이하게 정격 범위를 초과하여 실험하는 경우에는 담당교수의 확인 후 진행하며, 가급적 빠른 시간 내에 실험을 마치도록 한다.

⑤ 실험용 전원장치는 안전을 위하여 누전 및 과전류 차단장치가 되어있다. 차단기가 동작하여 전원이 차단되면 차단기 동작원인을 파악하고 해결한다. 실험 도중에 차단기가 동작하면 적절한 조치 후 처음부터 다시 실험을 진행한다.

⑥ 실험 중 사용 장비나 실험 회로에 이상이 발생한 경우에는 즉시 전원을 차단하고 문제점을 확인하여 안전사고를 최대한 사전에 방지한다.

⑦ 실험 중 실험결과에 오류가 발생한 경우에는 실험을 멈추고 잠시 후 실험을 처음부터 다시 진행한다.

⑧ 실험결과 데이터와 이론상의 예측 값과의 차이를 비교, 검토하며 진행한다.

⑨ 계기 사용 시 전원이 필요한 경우가 있으니, 확인 후 사용한다.

4 실험보고서 첨부사항

(1) 보고서 표지

① 실험제목

② 담당교수

③ 실험일자

④ 보고서 제출일자

⑤ 소속(학과, 전공, 학년, 반, 실험조, 학번, 성명)

⑥ 공동실험자

(2) 보고서 내용

① 실험제목

② 실험목적

③ 주요 내용 요약

④ 실험에 사용한 회로도

⑤ 진행한 실험 방법

⑥ 실험데이터 및 실험결과 그래프

⑦ 연구문제
⑧ 검토사항 및 실험결과 특이사항 정리
⑨ 결론

(3) 보고서에는 실험진행보다 중요시해야 할 부분입니다. 정확한 데이터를 취득하였어도 보고서 정리 중 잠깐의 방심이 전혀 다른 결과로 나타낼 수 있으므로 연구문제 등을 참조하여야 하며, 풀이에 포함되어야할 내용과 실험환경 예를 들어 동일한 실험을 10분에 마친 경우와 1시간에 걸쳐 진행한 경우 등 다른 결과가 나타낼 수 있으므로 실험 조건에 따른 날씨, 온도, 시간 등 또한 보고서에 포함되는 것이 원칙이다.

실험 01 사용기기 · 기구 사용법

1 실험목적

① 사용기기 · 기구에 대한 이해와 정확한 사용방법을 알 수 있다.

② 전기기기 실험을 위한 보조기기를 선택하고 결정할 수 있다.

2 사용기기 및 재료

①	기본 실험대	1500×1045×460	1대
②	전원장치	3ϕ 3W AC 220[V], 3[A], DC 120[V] 3[A]	1대
③	직류기	DC 100[V] 1800[rpm] 400[W]	1대
④	동기기	AC 220[V] DC 100[V] 1800[rpm] 360[W]	1대
⑤	3상 농형 유도전동기	AC 220[V] 1800[rpm] 250[W]	1대
⑥	3상 권선형 유도전동기	AC 220[V] 1800[rpm] 250[W]	1대
⑦	단상변압기	AC 220[V]/AC 110[V]	1대
⑧	콘덴서 운전형 유도전동기	AC 220[V]/AC 110[V]	1대
⑨	콘덴서 기동형 유도전동기	AC 220[V]/AC 110[V]	1대
⑩	반발시동형 유도전동기	AC 220[V]/AC 110[V]	1대
⑪	만능전동기	AC 220[V]/AC 110[V]	1대
⑫	직류기동기	DC 1[A] 8[Ω]	1대
⑬	전류계	DC 3[A]	1대
⑭	전류계	AC 3[A]	1대
⑮	전압계	DC 150[V]	1대
⑯	전압계	AC 150[V]	1대
⑰	회전계	3000[rpm]	1대
⑱	계자조정기	500[Ω] 2[A]	1대
⑲	리드선	1조	

3 예비지식

(1) 기본 실험대

① 사용용도 : 실험 시 기기 · 기구 설치용

② 규격

Ⓐ 크기 : 1500×1045×460

Ⓑ 계측기용 : 300×165×460

Ⓒ 전동기용 또는 발전기용 : 800×400×460

Ⓓ 램프용 : 160×340×460

(2) 전원장치

① 사용용도 : 전기기기 실험에 필요한 전동기, 각종 계측기 등에 직류전원과 교류전원을 공급

② 규격

Ⓐ 크기 : 1500×1045×460

Ⓑ 입력 : 3∅ 3W AC 220[V] 5[A]

Ⓒ 출력 : 고정 및 가변

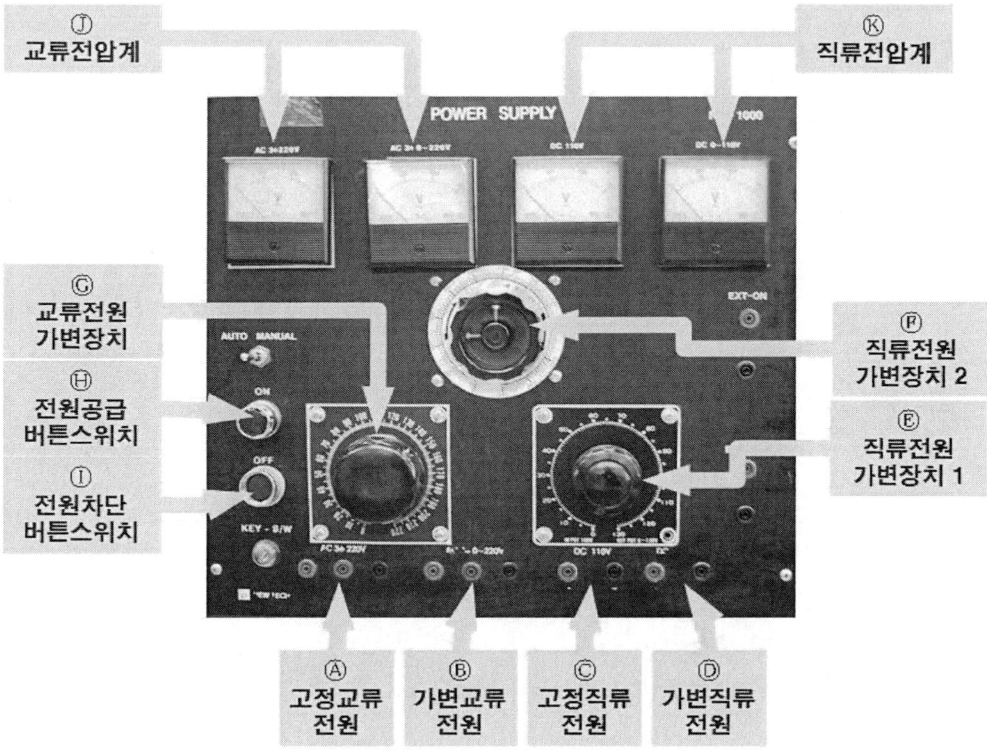

③ 명칭설명

④ 단자 설명

Ⓐ 고정 교류전원

3∅, 3W, AC 220[V], 3[A]의 고정 전압이 출력되는 교류출력이다.

적색 단자는 R상, 청색 단자는 S상, 흑색 단자는 T상이다.

직류기동기 및 각종 계측기의 전원 공급용으로 사용된다.

Ⓑ 가변 교류전원

3∅, 3W, AC 0~220[V], 3[A]가 출력되는 가변교류출력이다.

적색 단자는 R상, 청색 단자는 S상, 흑색 단자는 T상이다.

3상 유도전동기 및 동기전동기 등의 전원공급용으로 사용된다.

Ⓒ 고정 직류전원

DC 100[V], 3[A]의 직류출력이다.

적색 단자는 + 전압, 흑색 단자는 - 전압이다.

Ⓓ 가변 직류전원

DC 0~100[V], 3[A]가 출력된다.

적색 단자는 + 전압, 흑색 단자는 - 전압이다.

직류 전동기 및 동기전동기, 동기발전기에 전원 공급용으로 사용된다.

Ⓔ 직류전원 가변장치1

Ⓓ 가변 직류출력 단자로 출력되는 직류전압을 조정하는 장치이다.

DC 0~100[V]까지 조정이 가능하다.

Ⓕ 직류전원 가변장치2

Ⓒ 고정 직류출력 단자로 출력되는 직류전압을 조정하는 장치이다.

2개의 가변 직류전압이 필요 시 DC 0~100[V]까지 조정이 가능 하다.

Ⓖ 교류전원 가변장치

Ⓑ 가변 교류출력 단자로 출력되는 교류전압을 조정하는 장치이다.

AC 0~220[V]까지 조정이 가능 하다.

Ⓗ 전원공급용 버튼스위치

전원장치에 전원 공급용, 즉 ON 스위치이다.

Ⓘ 전원차단용 버튼스위치

전원장치에 전원 차단용, 즉 OFF 스위치이다.

Ⓙ 교류전압계

Ⓐ 고정 교류출력 및 Ⓑ 가변 교류출력 단자에서 출력되는 교류전압의 크기를 확인할 수 있다.

Ⓚ 직류전압계

Ⓒ 고정 직류출력 및 Ⓓ 가변 직류출력 단자로 출력되는 직류전압의 크기를 확인할 수 있다.

(3) 직류기

① 사용용도 : 직류 전동기 및 직류 발전기 겸용으로 사용

② 규격

Ⓐ 크기 : 300×400×300

Ⓑ 전압 : DC 100[V] 2.5[A], 0.9[A]

Ⓒ 전력 : 250[W]

Ⓓ 회전수 : 1800[rpm]

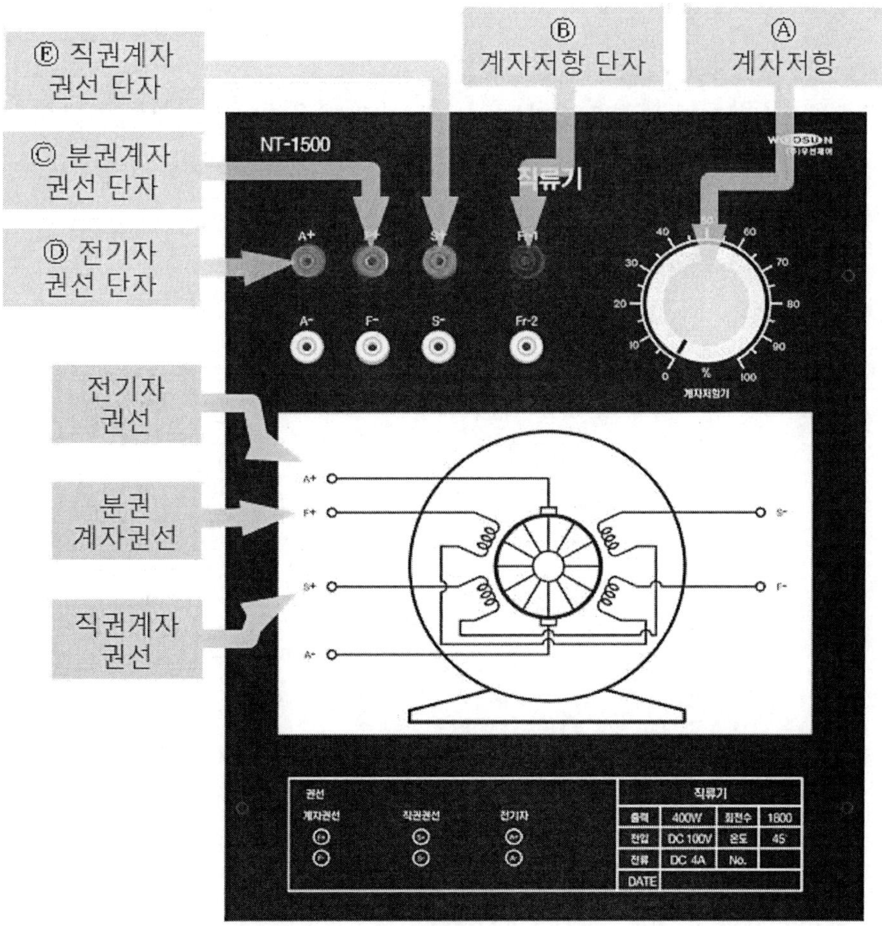

직류기

③ 명칭설명

Ⓐ 계자저항

분권계자권선에 직렬로 접속하여 분권회로의 저항 값을 조정한다.

Ⓑ 계자저항단자

계자저항 출력 단자로 0~150[Ω] 크기의 가변 저항 단자이다.

적색 단자는 RF+, 청색 단자는 RF- 로 표기된다.

Ⓒ 분권계자권선단자

직류기의 분권계자권선의 외부 단자이다.

적색 단자는 F+, 흑색 단자는 F- 로 표기된다.

Ⓓ 전기자권선단자

직류기의 전기자권선의 외부 출력단자이다.

적색 단자는 A+, 흑색 단자는 A- 로 표기된다.

Ⓔ 직권계자1권선단자

직류기의 직권계자 1권선의 외부 출력단자이다.

적색 단자는 FS1+, 흑색 단자는 FS1- 로 표기된다.

Ⓕ 직권계자2권선단자

직류기의 직권계자 2권선의 외부 출력단자이다.

적색 단자는 FS2+, 흑색 단자는 FS2- 로 표기된다.

(4) 동기기

① 사용용도 : 동기전동기 및 동기발전기를 겸용으로 사용

② 규격

Ⓐ 크기 : 300×400×300

Ⓑ 전압 : 전기자 AC 220[V], 1.5[A],
계자 DC 100[V], 2[A]

Ⓒ 전력 : 360[W]

Ⓓ 회전수 : 1800[rpm]

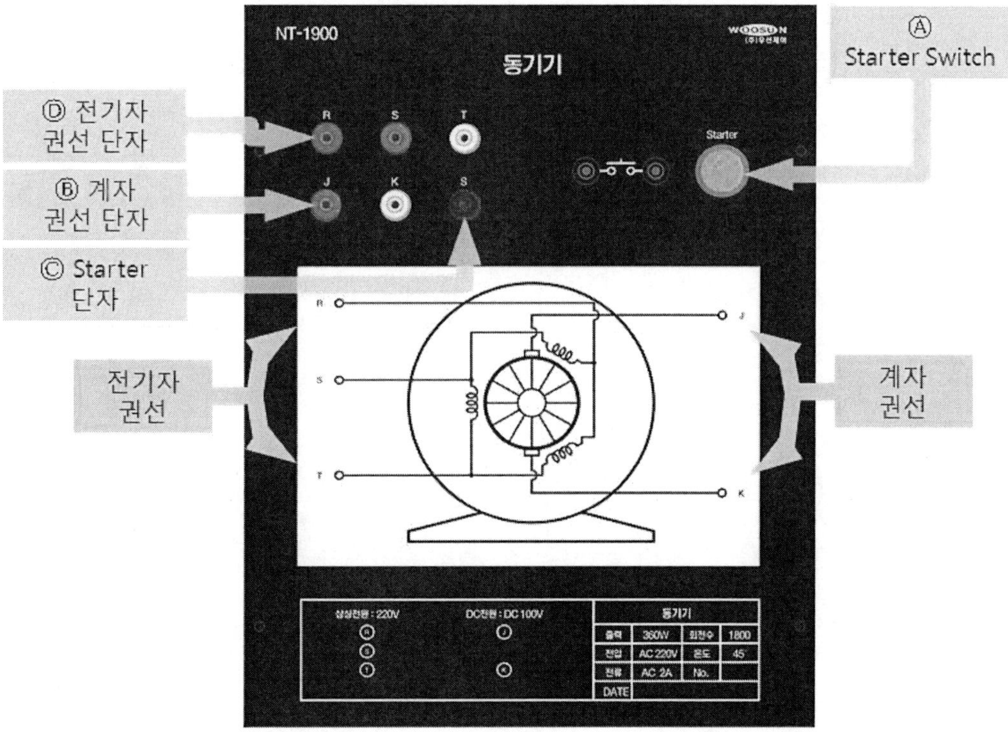

동기기

③ 단자 설명

Ⓐ 계자저항

계자권선에 직렬로 접속하여 계자에 흐르는 전류 값을 조정할 때 사용 한다.

Ⓑ 전기자권선단자

3개의 권선으로 구성된 동기기 전기자권선의 외부 단자이다.

적색 단자는 R, 청색 단자는 S, 흑색 단자는 T 로 표기된다.

Ⓒ 계자저항단자

계자저항의 외부 단자로 0～150[Ω]까지의 가변저항이다.

계자저항은 별도로 구성되어있으며, RF+ 단자와 RF- 로 표기된다.

Ⓓ 계자권선단자

동기기의 계자권선의 외부 단자이다.

적색 단자는+단자로 J단자, 청색 단자는 1단자로 K단자로 표기된다.

(5) 3상 농형유도전동기

① 결선 방법에 따라 AC 220/380[V] 겸용 가능한 3상 농형유도전동기

② 규격

Ⓐ 크기 : 300×400×300

Ⓑ 전압 : 3ϕ, 3W, AC 220[V]

Ⓒ 전류 : 1.5[A]

Ⓓ 전력 : 250[W]

Ⓔ 회전수 : 1800[rpm]

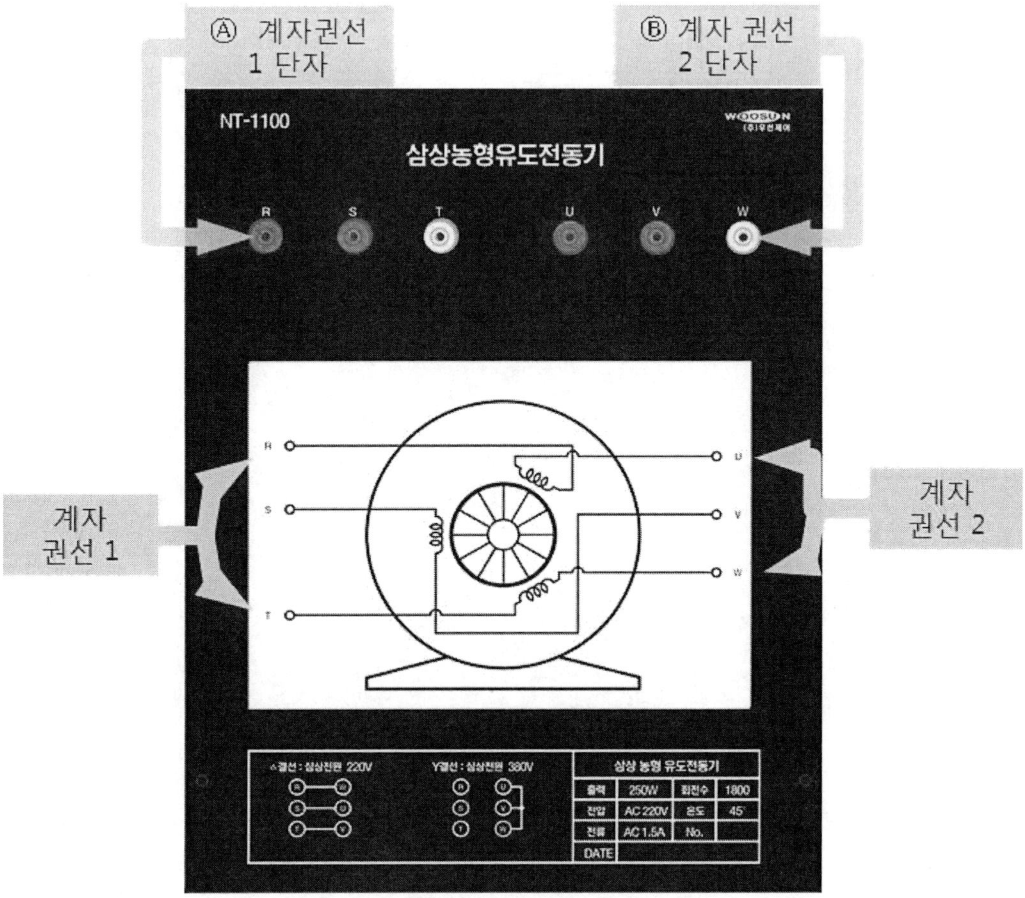

3상 농형 유도전동기

③ 단자 설명

3상 농형 유도전동기는 a상, b상, c상의 3개 권선으로 구성되어 있으며, 각 권선의 시작 단자를 계자권선1단자, 권선이 끝나는 단자를 계자권선 2단자라 명칭 한다.

Ⓐ 계자권선1단자

적색 단자(a상)-R, 청색 단자(b상)-S, 흑색 단자(c상)-T로 표기한다.

Ⓑ 계자권선2단자

적색 단자(a상)-U, 청색 단자(b상)-V, 흑색 단자(c상)-W로 표기한다.

(6) 3상 권선형 유도전동기

① 결선 방법에 따라 AC 220/380[V]로 겸용 가능한 3상 권선형 유도전동기

② 규격

Ⓐ 크기 : 300×400×300

Ⓑ 전압 : 3∅,3W, AC 220[V]

Ⓒ 전류 : 1.5[A]

Ⓓ 전력 : 250[W]

Ⓔ 회전수 : 1800[rpm]

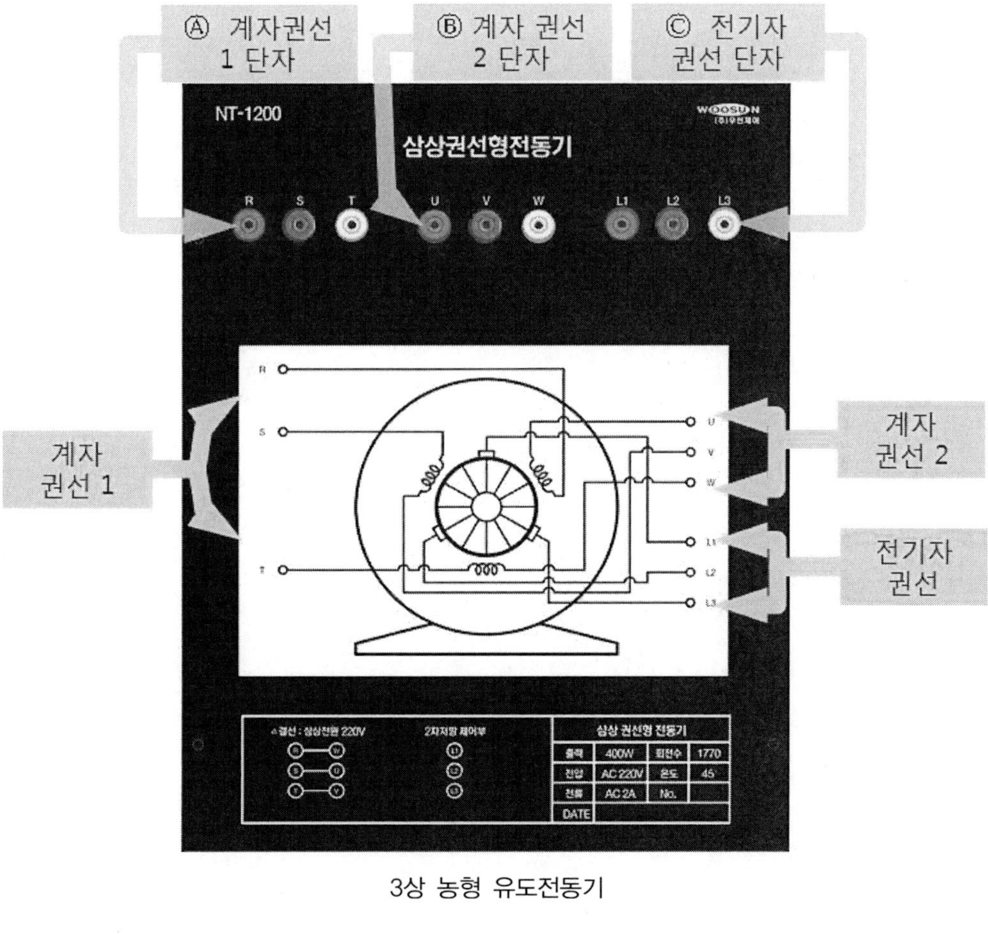

3상 농형 유도전동기

③ 단자 설명

3상 권선형 유도전동기의 고정자는 a상, b상, c상의 3개 권선으로 구성되어 있으며, 권선의 시작 단자를 계자권선 1단자, 권선이 끝나는 단자를 계자권선 2단자라고 한다. 2차측 회전자(전기자)는 권선형으로 외부 단자를 통하여 외부 저항을 접속할 수 있다.

Ⓐ 계자권선1단자

적색 단자(a상)-R, 청색 단자(b상)-S, 흑색 단자(c상)-T로 표기한다.

Ⓑ 계자권선2단자

적색 단자(a상)-U, 청색 단자(b상)-V, 흑색 단자(c상)-W로 표기한다.

Ⓒ 전기자권선단자

전기자 권선에 외부 3상 저항을 접속하여 전동기의 속도 등을 조정할 때 사용한다.

단자의 표기는 L1, L2, L3로 표기한다.

(7) 단상변압기

① 1차 및 2차의 권선비가 2:1로 구성, 2차 권선은 동일한 2개의 권선 보유

② 규격

Ⓐ 크기 : 300×400×300

Ⓑ 입력전압 : AC 220[V], 1[A]

Ⓒ 출력전압 : AC 110[V], 1[A]

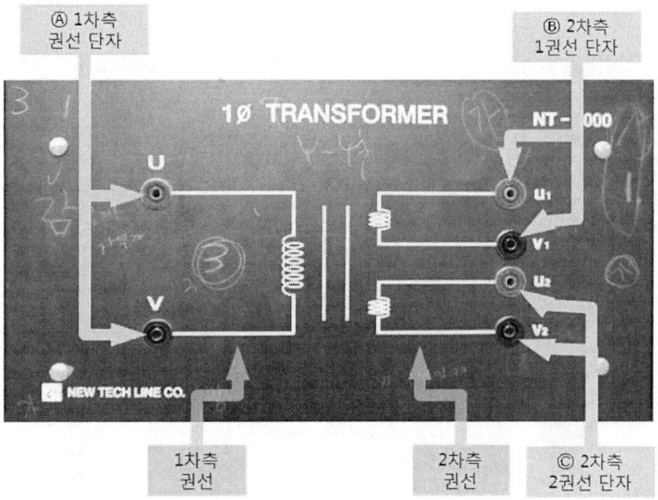

③ 단자 설명

Ⓐ 1차측 권선 단자

단상 변압기의 고압측 단자로 적색단자-U, 흑색 단자-V로 표기된다.

Ⓑ 2차측 1권선 단자

단상 변압기의 저압측 1권선의 단자로 적색단자-u1, 흑색 단자-v1로 표기된다.

Ⓒ 2차측 2권선 단자

단상 변압기의 저압측 2권선의 단자로 적색단자-u2, 흑색 단자-v2로 표기된다.

(8) 콘덴서운전형단상유도전동기

① 규격

Ⓐ 크기 : 300×400×300

Ⓑ 전압 : AC 220[V] 1[A]

Ⓒ 전류 : 1.5[A]

Ⓓ 전력 : 250[W]

Ⓔ 회전수 : 1800[rpm]

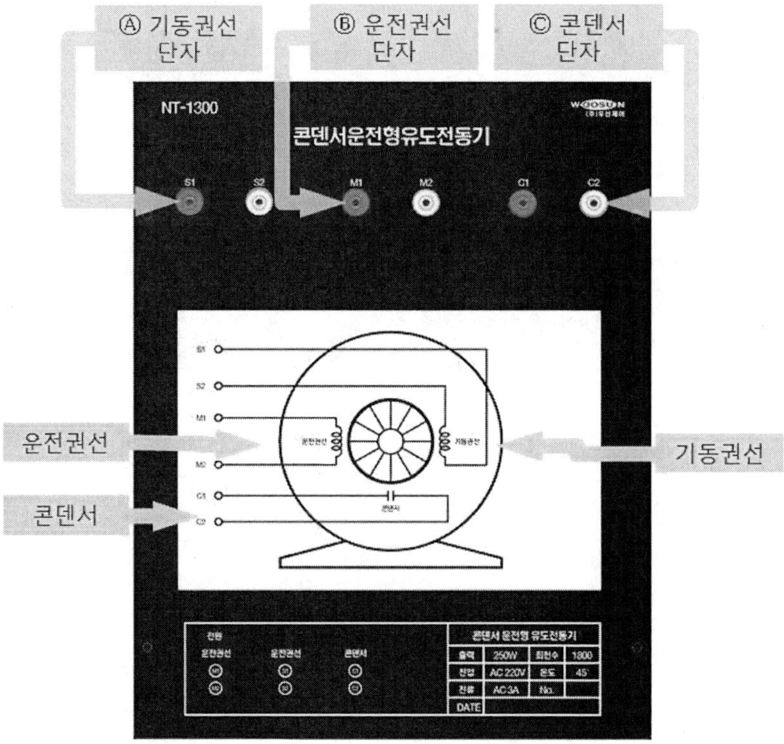

콘덴서운전형단상유도전동기

② 단자 설명

Ⓐ 기동권선단자

보조권선으로 기동 시와 운전 시에 계속 사용

Ⓑ 운전권선단자

주권선으로 기동 시와 운전 시에 계속 사용

Ⓒ 콘덴서단자

기동 시에 기동권선에 직렬로 연결하여 사용

(9) 콘덴서기동형단상유도전동기

① 규격

Ⓐ 크기 : 300×400×300

Ⓑ 전압 : AC 220[V] 1[A]

Ⓒ 전류 : 1.5[A]

Ⓓ 전력 : 250[W]

Ⓔ 회전수 : 1800[rpm]

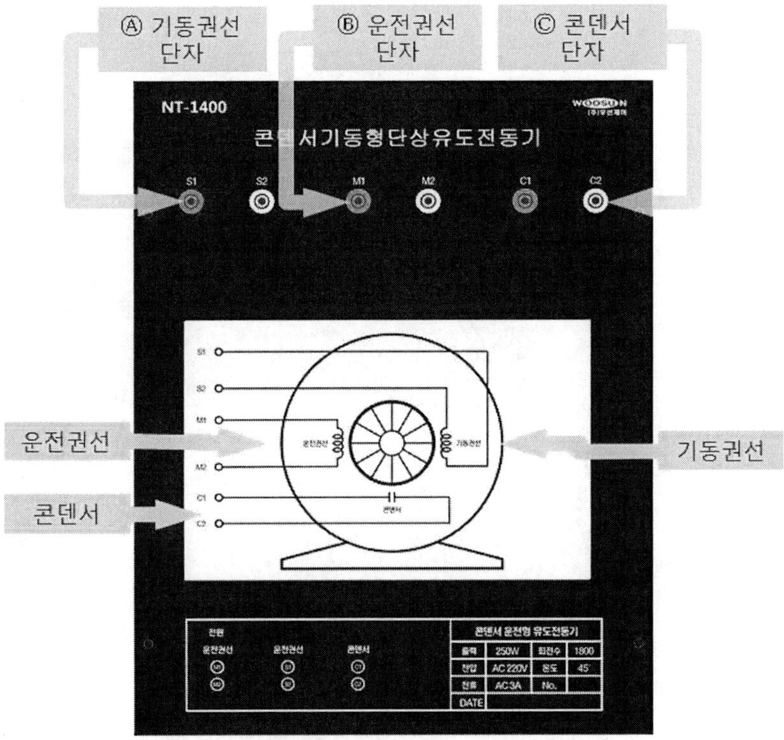

콘덴서기동형단상유도전동기

② 단자 설명

Ⓐ 기동권선단자

보조권선으로 기동 시에만 사용, 운전 시는 제거

Ⓑ 운전권선단자

주권선으로 기동 시와 운전 시에 계속 사용

Ⓒ 콘덴서단자

기동 시에 기동권선에 직렬로 연결하여 사용

(10) 반발시동형 유도전동기

① 규격

Ⓐ 크기 : 300×400×300

Ⓑ 전압 : AC 220[V] 1[A]

Ⓒ 전류 : 1.5[A]

Ⓓ 전력 : 250[W]

Ⓔ 회전수 : 1800[rpm]

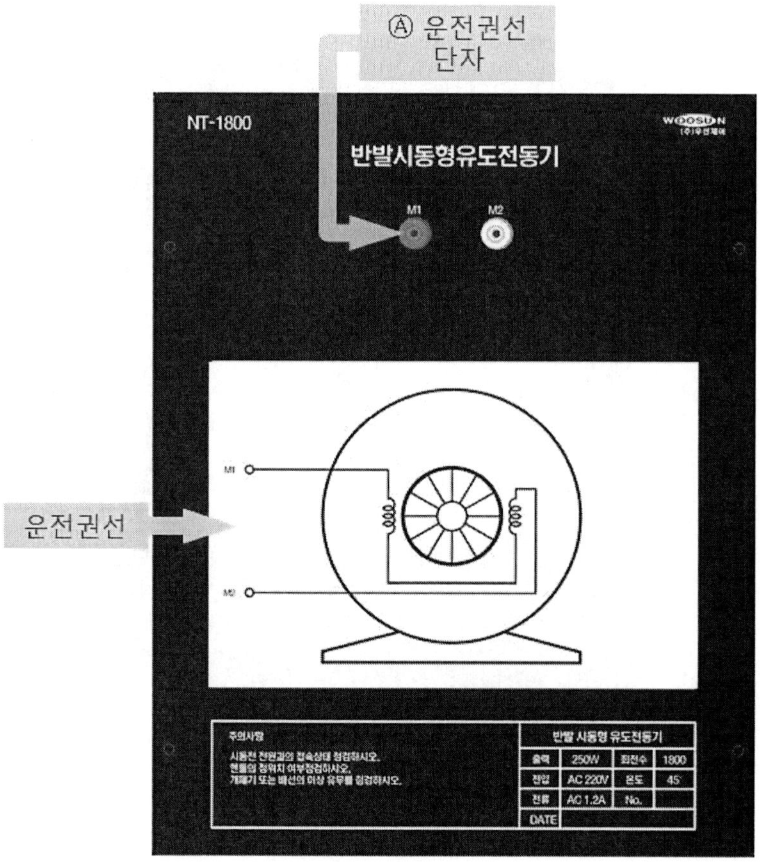

반발시동형 유도전동기

② 단자 설명

Ⓐ 운전권선단자

(11) 만능전동기

① 규격

Ⓐ 크기 : 300×400×300

Ⓑ 전압 : AC 220[V] 1[A]

Ⓒ 전류 : 1.5[A]

Ⓓ 전력 : 250[W]

Ⓔ 회전수 : 1800[rpm]

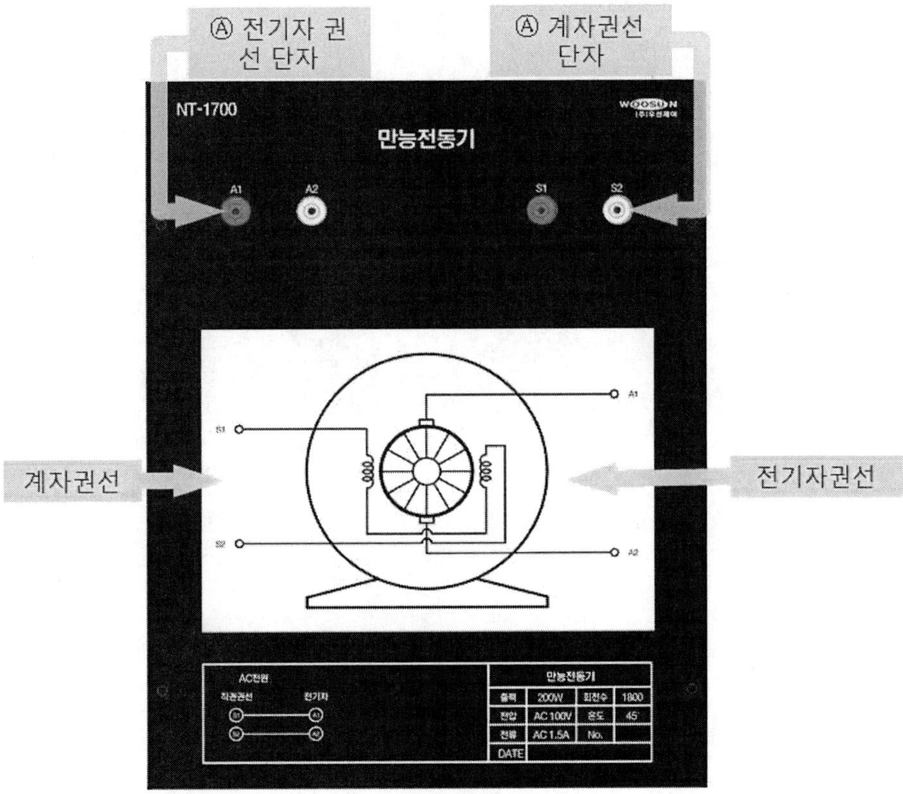

만능전동기

② 단자 설명

Ⓐ 전기자권선단자

Ⓑ 계자권선단자

(12) 직류기동기

① 사용용도 : DC 전동기 기동 시 기동전류를 제어하여 전동기를 보호

② 규격

Ⓐ 크기 : 300×400×300

Ⓑ 입력전압 : AC 220[V]

Ⓒ 제어전압 : 100[V]

Ⓓ 제어전류 : 1.5[A]

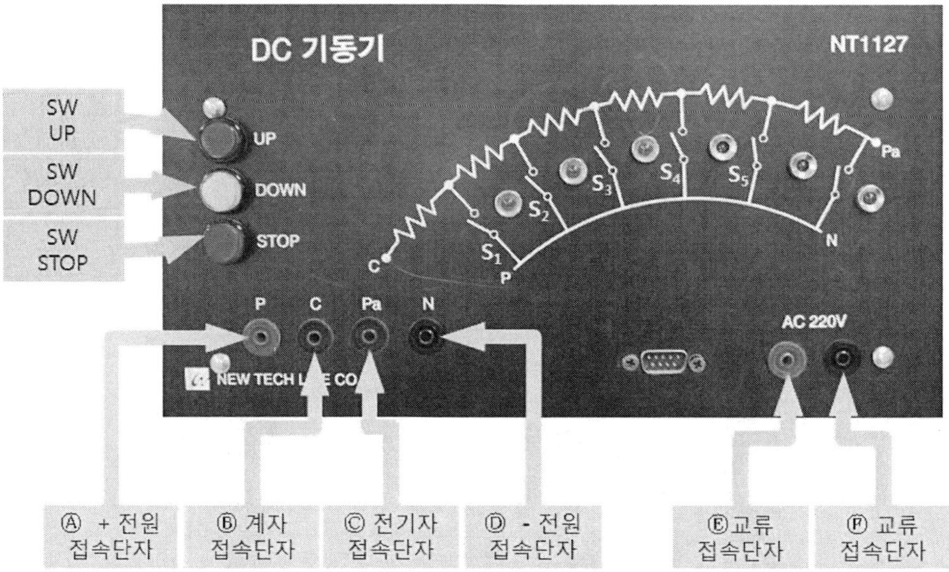

③ 단자 설명

직류기동기는 분권전동기와 복권전동기 등과 같은 DC 전동기의 기동 시 흐르는 큰 기동전류를 제어하기 위한 목적으로 사용

Ⓐ + 전원 단자

P(적색) 단자는 직류전원공급기의 + 전원 단자와 접속

Ⓑ 계자 접속단자

C(청색) 단자는 DC 전동기의 계자권선 회로와 접속

Ⓒ 전기자 접속단자

Pa(청색) 단자는 DC 전동기의 전기자권선 회로와 접속

Ⓓ - 전원 접속단자

N(흑색) 단자는 직류전원공급기의 - 전원 단자와 접속

Ⓔ 교류접속단자(적색), Ⓕ 교류접속단자(흑색)

AC 220[V] 단자는 기동기의 전원 단자이다.

전원공급기의 교류 고정전원 중 R상과 T상을 접속한다.

ⓐ SW UP

기동저항을 단계적으로 감소시켜 회전속도를 증가시키는 스위치

ⓑ SW DOWN

기동저항을 단계적으로 증가시켜 회전속도를 감소시키는 스위치

ⓒ SW STOP

전동기를 정지시키는 스위치

(13) 직류 전류계

① 사용용도 : 직류 전동기 권선의 직류전류 측정

② 규격

Ⓐ 크기 : 300×165×300

Ⓑ 입력전압 : AC 220[V]

Ⓒ 제어전압 : 100[V]

Ⓓ 제어전류 : 10[A]

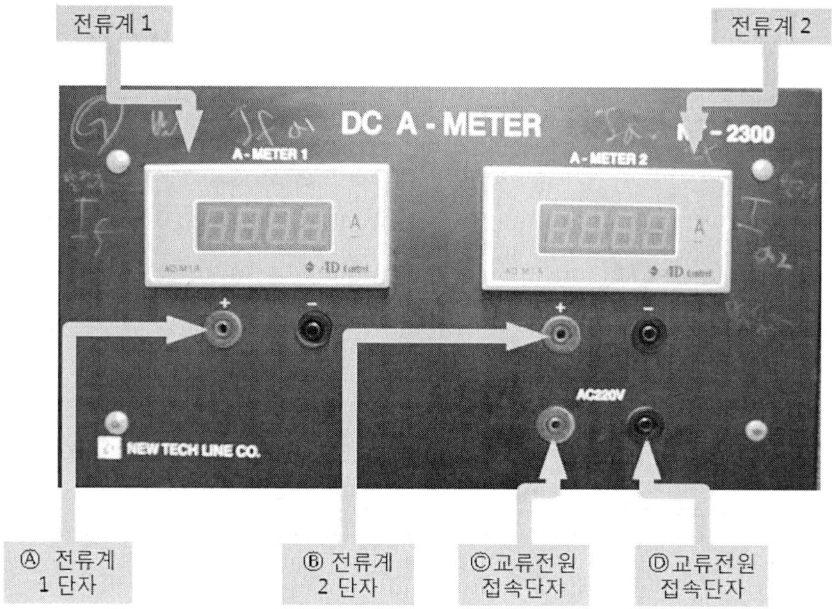

③ 단자 설명

Ⓐ 전류계 1단자

전류계1의 단자로 적색은 (+), 흑색은 (-) 연결 단자임.

Ⓑ 전류계 2단자

전류계2의 단자로 적색은 (+), 흑색은 (-) 연결 단자임.

Ⓒ, Ⓓ AC 전원 접속단자

AC 220[V] 접속단자로 극성 없음.

(14) 교류전류계 및 교류전압계

① 사용용도 : AC 전류, AC 전압 측정

② 규격

Ⓐ 크기 : 300×165×300

Ⓑ 입력전압 : AC 220[V]

Ⓒ 측정범위 : AC 3[A], AC 300[V]

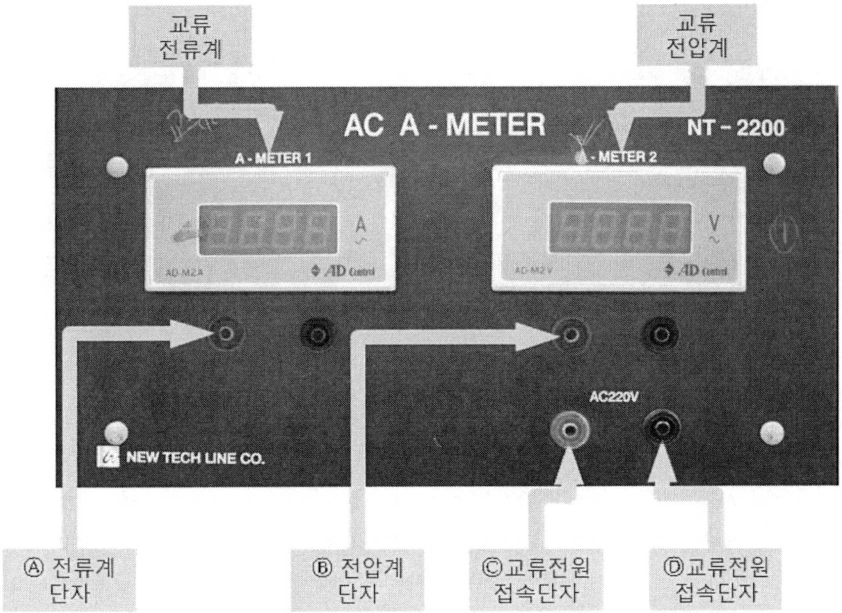

③ 단자 설명

Ⓐ 전류계단자

AC 전류계의 단자로 극성 없음.

Ⓑ 전압계단자

AC 전압계의 단자로 극성 없음.

Ⓒ, Ⓓ AC 전원 접속단자

AC 220[V] 접속단자로 극성 없음.

(15) 직류전압계

① 사용용도 : DC 전압 측정

② 규격

Ⓐ 크기 : 300×165×300

Ⓑ 입력전압 : AC 220[V]

Ⓒ 측정범위 : DC 150[V]

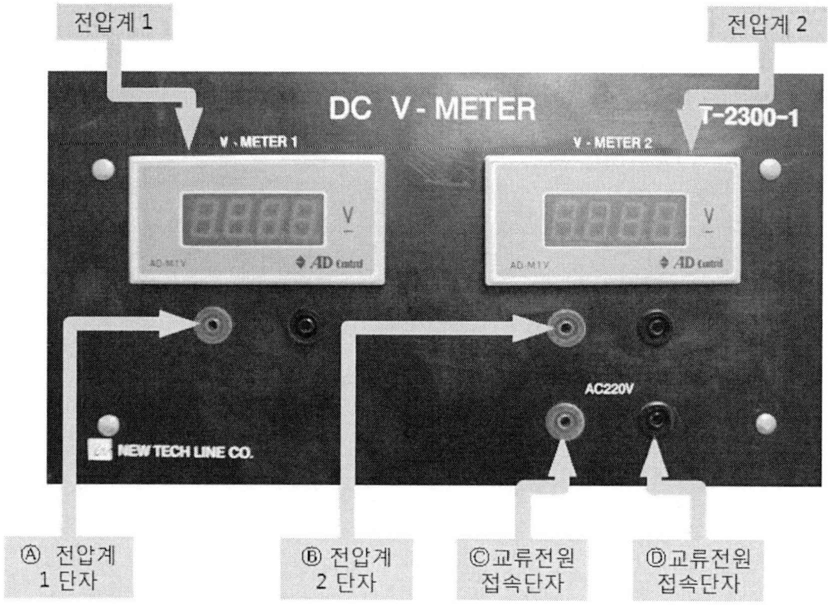

③ 단자 설명

Ⓐ 전압계 1단자

전압계 1의 단자로 적색은 (+), 흑색은 (-) 연결 단자임.

Ⓑ 전압계 2단자

전압계 2의 단자로 적색은 (+), 흑색은 (-) 연결 단자임.

Ⓒ, Ⓓ AC 전원 접속단자

AC 220[V] 접속단자로 극성 없음.

(16) 단상전력계 및 회전계

① 사용용도 : AC 단상전력측정, 회전수 측정

② 규격

Ⓐ 크기 : 300×165×300

Ⓑ 입력전압 : AC 220[V]

Ⓒ 측정범위 : 전력계 AC ?[V], AC ?[A], 회전계 3000[rpm]

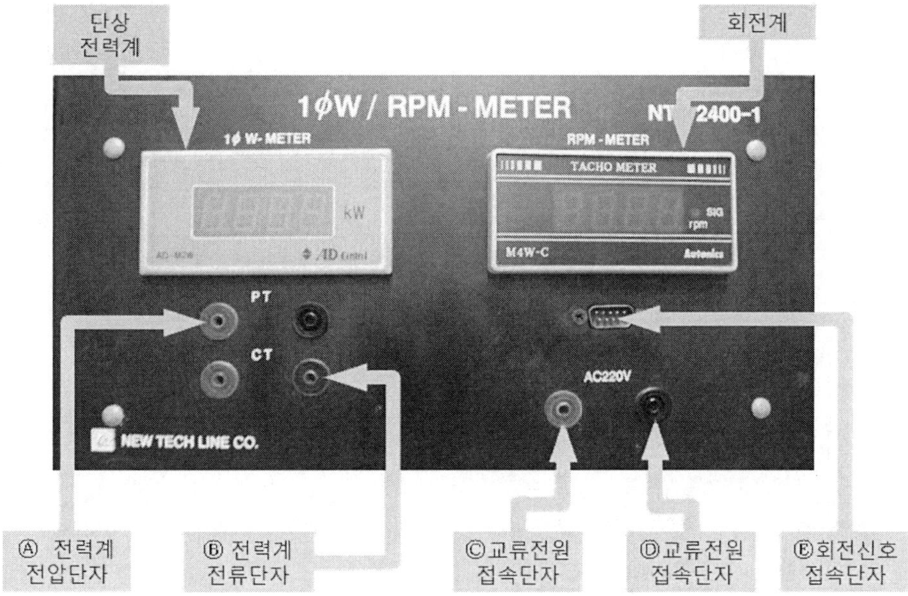

③ 단자 설명

Ⓐ 전압 단자

전력 측정 대상의 전압이 걸리도록 연결(전압계 연결과 동일 방법).

Ⓑ 전류 단자

전력 측정 대상의 전류가 흐르도록 연결(전류계 연결과 동일 방법).

Ⓒ, Ⓓ AC 전원 접속단자

AC 220[V] 접속단자로 극성 없음.

Ⓔ 회전신호 접속단자

회전계 단자를 접속함.

(17) 3상 전력계

① 사용용도 : AC 3상 전력 측정

② 규격

Ⓐ 크기 : 300×165×300

Ⓑ 입력전압 : AC 220[V]

Ⓒ 측정범위 : AC 300[V], AC 3[A], 9[kW]

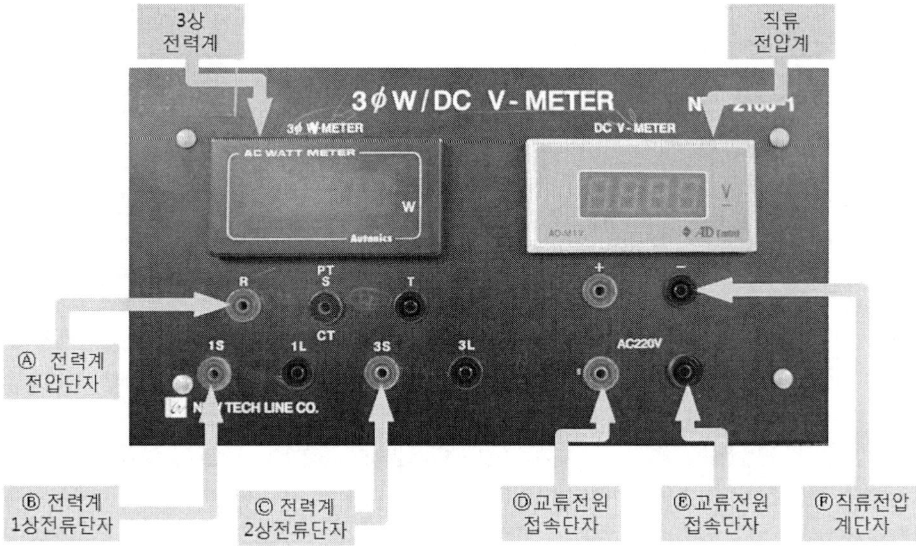

③ 단자 설명

Ⓐ 전력계 전압단자

전력 측정 대상의 전압이 걸리도록 연결, 해당 실험의 회로도 참고.

Ⓑ 전력계 1상 전류단자

전력 측정 대상의 전류가 흐르도록 연결, 해당 실험의 회로도 참고.

Ⓒ 전력계 2상 전류단자

전력 측정 대상의 전류가 흐르도록 연결, 해당 실험의 회로도 참고.

Ⓓ,Ⓔ AC 전원 접속단자

AC 220[V] 접속단자로 극성 없음.

Ⓕ 직류전압계단자

DC전압계의 단자로 적색은 (+), 흑색은 (−) 연결 단자임.

(18) 램프모듈

① 사용용도 : DC 및 단상의 부하로 사용

② 규격

Ⓐ 크기 : 160×340×300

Ⓑ 사용 전압범위 : 220[V]

Ⓒ 사용 전력범위 : 200[W] 이내(10[W]×20개 = 200[W])

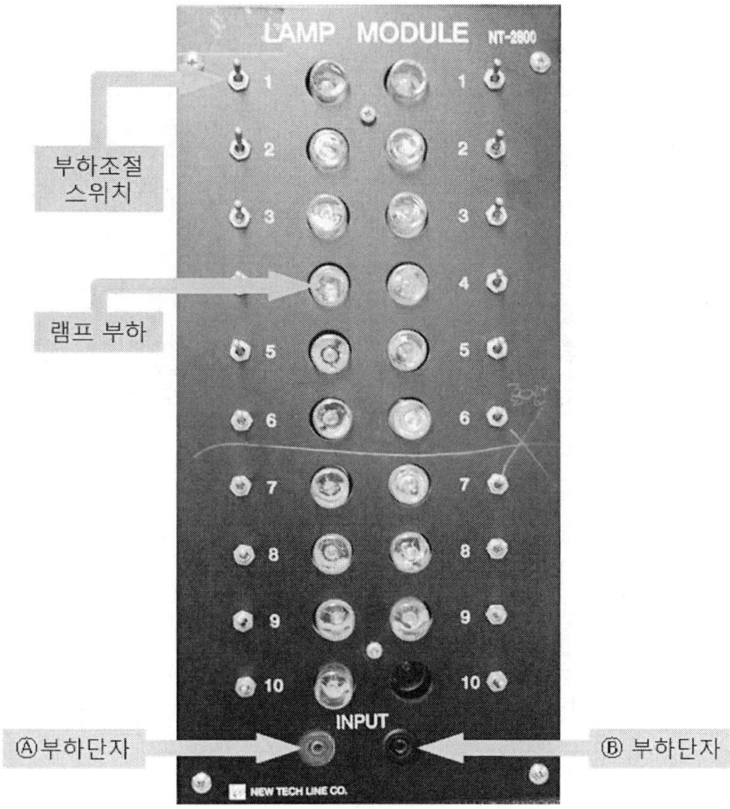

③ 단자 설명

Ⓐ ,Ⓑ 부하단자

램프 부하를 연결해주는 단자, 극성 없음.

(19) 3상 부하모듈

① 사용용도 : AC 3상 부하로 사용

② 규격

Ⓐ 크기 : 300×165×300

Ⓑ 사용 전압범위 : 220[V]

Ⓒ 사용 전력범위 : 630[W] 이내 (30[W]×21개 = 630[W])

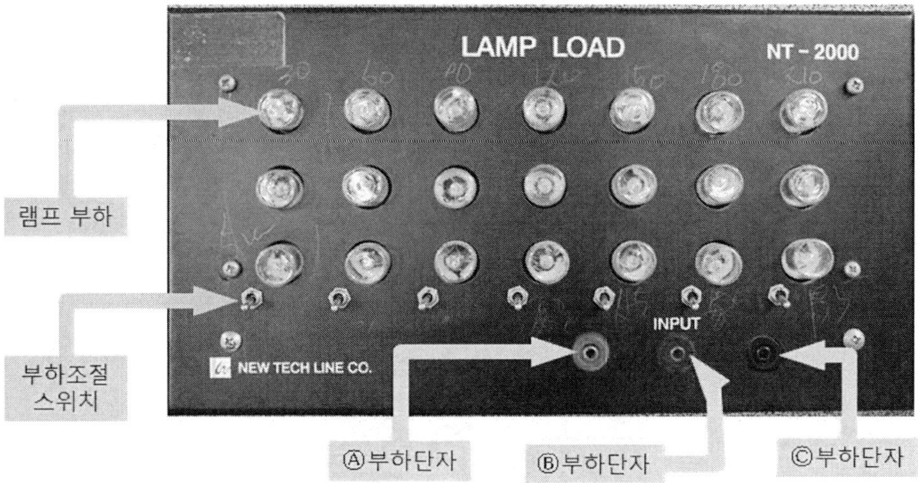

③ 단자 설명

Ⓐ ,Ⓑ, Ⓒ 부하단자

3상 램프 부하 연결용 단자로 극성 없음.

(20) 3상 저항 모듈

① 사용용도 : 3상 유도전동기 2차 저항제어 시 외부 연결용 3상 저항

② 규격

Ⓐ 크기 : 300×165×300

Ⓑ 사용 전압범위 : 220[V]

Ⓒ 최대저항 : 1상당 1800[Ω]

Ⓓ 최대전력 : 1상당 100[W]

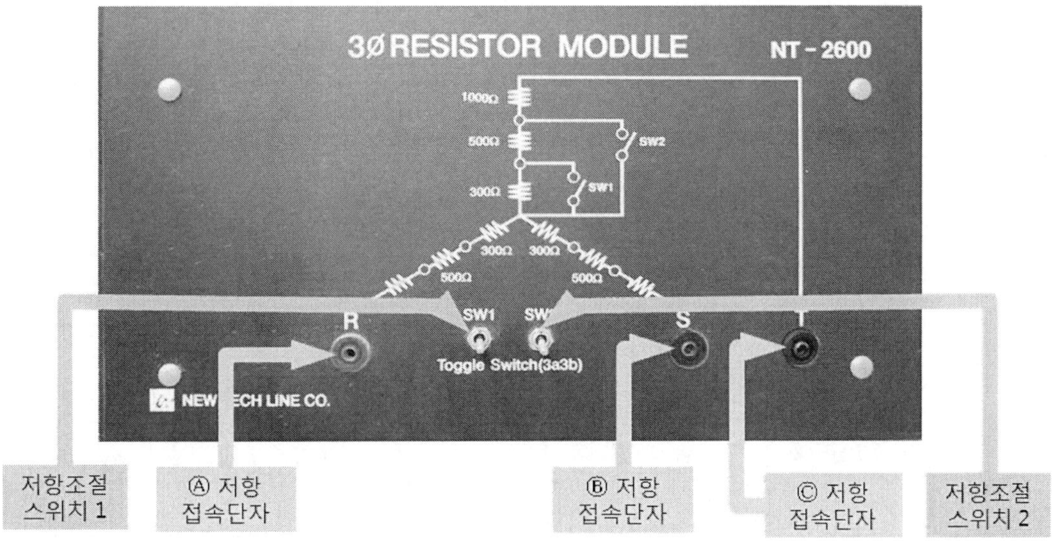

③ 단자 설명

Ⓐ, Ⓑ, Ⓒ 저항 접속단자

3상 저항에 접속하는 단자로 극성 없음.

Ⓓ 300[Ω] 양단을 단락시키기 위한 토글스위치, 이 스위치를 ON하면 1상당 저항은 1500[Ω]이 됨.

Ⓔ 800(300+500)[Ω] 양단을 단락시키기 위한 토글스위치, 이 스위치를 ON하면 1상당 저항은 1000[Ω]이 됨.

(21) 부하 사용 방법

전기기기 실험 중에는 부하를 변화시켜 가면서 이에 따르는 기기의 각종 특성을 측정하는 경우가 많다. 기기에 따라 부하를 연결하는 방법과 부하 조정 방법은 다음과 같다.

① 발전기와 변압기의 부하

발전기와 변압기는 전기 부하에 전력을 공급하는 장치이므로 전기 부하를 사용한다. 실험실에서 널리 사용하는 일반적 전기 부하로는 부하램프 또는 저항 부하가 있다.

부하램프의 경우 램프를 병렬로 연결하여 사용한다. 10~20개 정도를 병렬로 연결하였으며, 각 램프마다 별도의 스위치를 두어 제어한다. 무부하 상태는 부하회로의 전등이 모두 OFF된 상태이다. 부하를 증가시키려면 부하회로에 전등을 1~2씩 ON하여 부하를 증가시키면 된다. 예로서 그림 1-1은 DC 분권발전기에 전등 10개를 부하로 연결하는 회로이다.

단자전압이 일정하므로 전기 부하의 증감은 곧 부하 전류의 증감으로 나타난다. 따라서 부하전류의 증감이 곧 부하의 증감이고 부하전류를 측정하여 부하량을 계산한다.

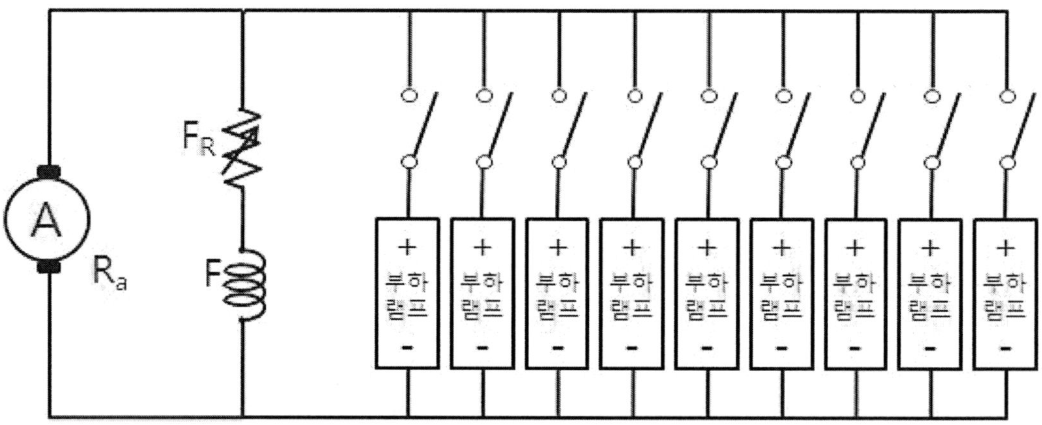

그림 1-1 발전기에 전등 부하 10개 연결 회로

※ 저항 부하의 경우도 사용법은 같다.

② 전동기의 부하

일반적으로는 발전기와 변압기의 부하는 전기적 부하이나, 전동기의 부하는 동력부하, 즉 기계적 부하이다. 그러나 실험 시 동력 부하를 기계적으로 연결하거나, 증가 혹은 감소시키는 것은 매우 어렵다. 따라서 전기실험실에서는 동력 부하를 전기 부하로 바꾸어 연결하고 이 전기 부하를 증가 혹은 감소시키는 방법이 이용된다.

예로서 그림 1-2와 같은 회로가 이용된다.

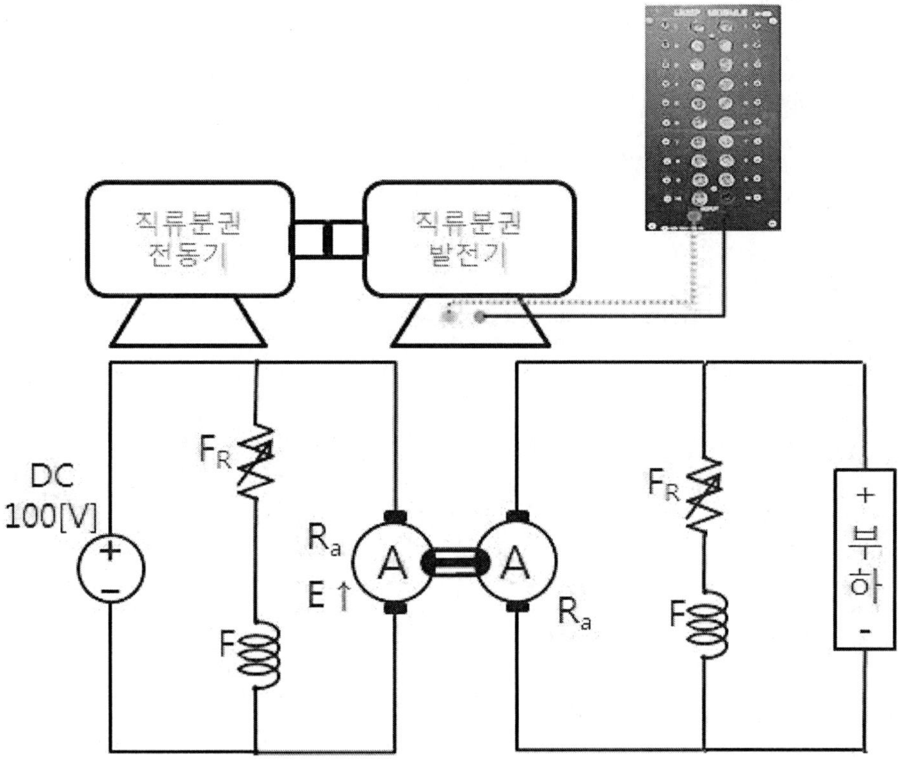

그림 1-2 DC 분권전동기-DC 분권발전기(M-G set)에 전등부하 접속한 회로

그림 1-2에서 전등 부하를 증가시키면 DC 발전기의 부하가 증가하게 되고, 따라서 DC 발전기의 원동기인 DC 분권전동기의 부하가 증가하게 된다. 이때 전동기 전압은 일정하므로 부하의 증감은 전류의 증감으로 나타나게 된다. 따라서 전동기 전류를 측정하여 부하를 계산할 수 있다. 물론 전동기의 부하전류에는 전동기와 발전기의 손실이 포함되어 있으나, 그 값이 작으므로 무시할 경우도 있다.

또는 부하측에서 전력을 계산하여 부하량을 계산할 수도 있다.

위에서 DC발전기 대신에 동기발전기를 사용하는 것도 가능 하다.

실험 02 직류 전동기 기동

1 실험목적

① 직류 전동기의 기동방법을 알게 된다.
② 직류 전동기에 사용되는 기동기의 사용법을 알 수 있다.
③ 기동 시 기동 전류의 변화를 관찰할 수 있다.

2 사용기기 및 재료

①	기본장치함		1대
②	전원장치	3φ 3W AC 220[V], 3[A], DC 120[V] 3[A]	1대
③	직류 전동기	DC 100[V] 1800[rpm] 400[W]	1대
④	직류기동기	DC 1[A] 8[Ω]	1대
⑤	전류계	DC 3[A]	3대
⑥	전압계	DC 150[V]	2대
⑦	회전계	3000[rpm]	1대
⑧	계자조정기	500[Ω] 2[A]	1대
⑨	리드선		1조

3 예비지식

(1) 직류 전동기의 종류

직류 전동기는 전기자권선과 계자권선에 공급하는 전원이 동일 전원인 자여전동기와 별개의 전원인 타여자전동기로 구분된다. 일반적으로 타여자전동기는 거의 사용되지 않는다. 자여자전동기는 다시 전기자권선과 계자권선의 접속 방법에 따라 분권, 직권, 복권전동기로 구분되며, 복권전동기에는 가동복권(加動復卷)과 차동복권전동기(差動復卷電動機)가 있다.

이 실험에서는 분권전동기의 기동방법을 익히도록 한다.

(2) 기동전류

정지상태의 전동기를 운전 상태로 옮기는 것을 기동이라 한다.

그림1-1에서와 같은 분권전동기 회로에서 운전 중 전동기의 전기자권선 회로의 전압은 식 (2-1)과 같으므로 전기자전류 I_a 는 식 (2-2)와 같다.

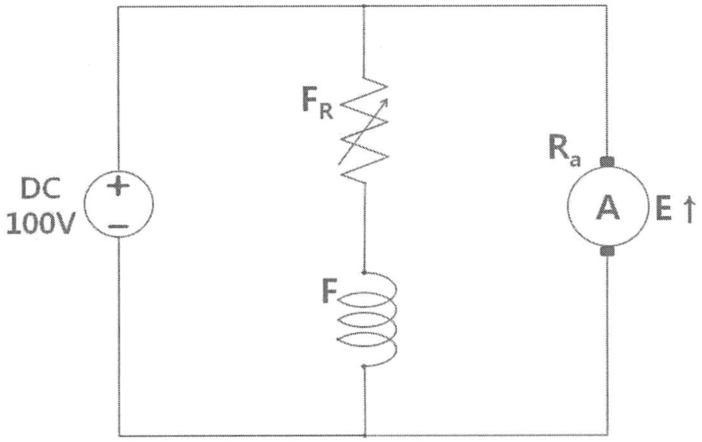

그림 2-1 직류 분권전동기 회로

$$V = E + I_a R_a \ [V] \quad (2\text{-}1)$$

$$I_a = \frac{V - E}{R_a} \ [A] \quad (2\text{-}2)$$

여기서 E 는 인가전압과 반대방향으로 전기자권선에 발생되는 역기전력이며 그 크기는 식 (2-3)과 같다.

$$E = k\phi N \ [V] \quad (2\text{-}3)$$

전기자권선의 저항 $R_a[\Omega]$는 작은 값이다. 운전 중에는 전기자권선에 역기전력 E가 발생하여 I_a가 작은 값으로 유지되지만, 기동하는 순간은 회전속도 N = 0이 되어 E가 발생되지 않으므로(E=0) 전기자전류는 $I_a = \frac{V}{R_a}$ [A] 가 되어 대단히 큰 전류(기동전류)가 흐른다. 이는 전기자권선, 브러시, 정류자 등을 손상시키게 된다. 보통 기동전류는 정격전류의 7~10배 또는 그 이상이다.

따라서 기동 시에는 기동전류를 감소시켜야 하며, 그 방법으로는 인가전압 V를 감소시키는 방법과 전기자저항 R_a 를 증가시키는 방법이 있다. 현재는 반도체 소자를 활용하여 인가전압 V 를 감소시키는 방법이 많이 활용되나, 여기서는 전기자저항 R_a 를 증가시키는 방법에 대하여 실험한다. 이는 그림 2-2에서와 같이 가변저항 R_s 을 전기자회로에 직렬로 삽입하여 사용하는 방법이다. 이에 사용되는 대표적인 기구가 기동기이다.

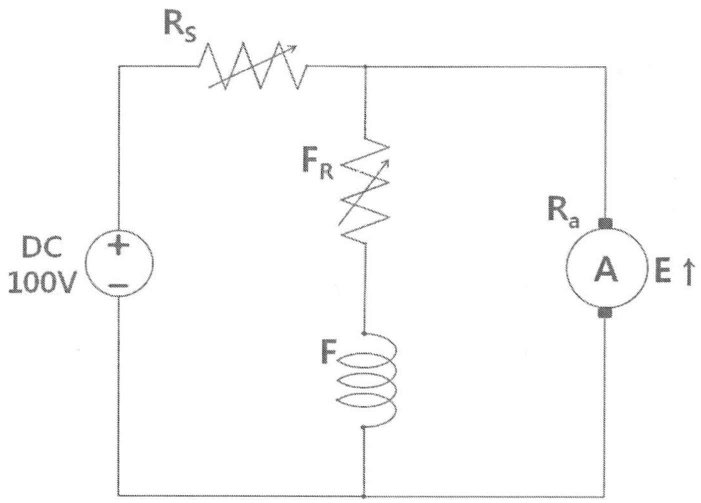

그림 2-2 직렬저항 삽입회로

(3) 기동 방법

① 전원전압을 저전압으로 하여 기동하는 방법

기동전류 $I_a = \frac{V}{R_a}$ [A]를 감소시키기 위해 전원전압 V를 저전압으로 하여 기동하는 방법이다. 전에는 직류전압을 제어하기 위하여 유도전동기로 회전시키는 직류 발전기를 설치하고 이 직류 발전기의 출력전압을 전원으로 사용하여 기동과 함께 속도제어에 이용하였다. 이를 워드레오나드시스템(Ward Leonard System)이라 한다. 그러나 근래에는 MG-set를 설치해야 하는 이 방법은 거의 사용되지 않고 있으며, 반도체회로를 이용하는 직류전압제어 회로가 다양하게 개발 사용되고 있다. 이를 정지워드레오나드시스템이라고도 한다.

② 전기자회로에 직렬저항을 삽입하여 기동하는 방법

기동전류 $I_a = \dfrac{V}{R_a}$ [A]를 감소시키기 위해 전기자저항 R_a를 증가시키는 방법이다. 전기자저항 자체를 증가시킬 수는 없으며, 그림 2-2에서와 같이 전기자저항에 직렬로 가변저항을 삽입 연결하여 기동전류를 감소시켜 기동시킨다. 이에 사용되는 기구가 기동기이다.

(3) 기동기

기동기는 그림 2-2에서의 직렬저항을 단계적으로 변화시키며 연결할 수 있도록 한 장치이다. 이에는 자동식과 수동식이 있으며, 자동식에는 한시식(限時式)과 한류식(限流式)이 있다. 이 실험에 사용할 기동기는 수동식이며 그림 2-3에서와 같이 5단계로 된 가변저항이다.

그림 2-3은 기동기 회로이다. 사용 방법은 먼저 저항이 최대인 S_1에 연결하여 전기자전류를 최소로 하는 점에서 기동한다. 전기자가 회전을 시작하면 단계적으로 저항을 감소시켜 최종에는 저항의 크기를 “0”(S_5)으로 하여 운전한다.

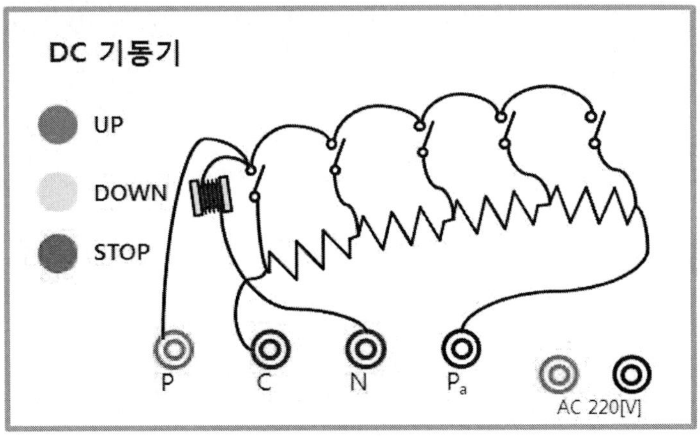

그림 2-3 직류 기동기 회로

4 실험 시 주의사항

① 기동 시 기동전류가 급격히 증가하므로 기동기 스위치는 기동전류를 확인하며 조정한다.

② 분권계자권선 개방 시 DC 전동기의 속도가 급격히 상승하므로 개방이 되지 않도록 주의한다.

5 실험실습방법

(1) 결선방법

① 사용기기 및 재료 목록과 그림 2-1 직류 분권전동기 회로도를 참조하여 실험에 필요한 기기 · 기구 목록을 작성한다.

그림 2-4 기본 실험대

물품명	규격	필요수량	비고

② 과정 ①에서 작성한 목록을 참조하여, 결선이 편리하고 측정이 쉽도록 각 기기와 계측기를 설치한다.

그림 2-5 기본 실험대에 필요장비 설치 모습

③ 기본실험대에 설치된 사용기기의 규격은 **실험 1 기계·기구 사용설명**을 참조하여 확인하고 기기의 이상 유무를 점검한다.

④ 직류전원 공급 장치의 출력전원이 OFF될 수 있도록 동작여부를 확인하고, 가변 전원전압은 최소인 0[V]로 조정한다.

⑤ 직류 전동기에 연결되어 있는 계자조정기(속도조정기)의 위치는 저항값이 최소 위치에 놓이도록 조정한다.

⑥ DC 전동기는 사용 전원이 DC이므로 사용되는 계기 및 기기에 흐르는 전류의 방향을 정확히 연결한다. DC 전동기의 결선도에 전류가 흐르는 방향을 미리 표기하는 것도 바람직하다.

⑦ 그림 2-6은 실험에 필요한 계기를 모두 표시한 회로도이다. 실험에 필요한 최소 계기수를 확인하고 결선에 맞도록 회로도를 수정한다.

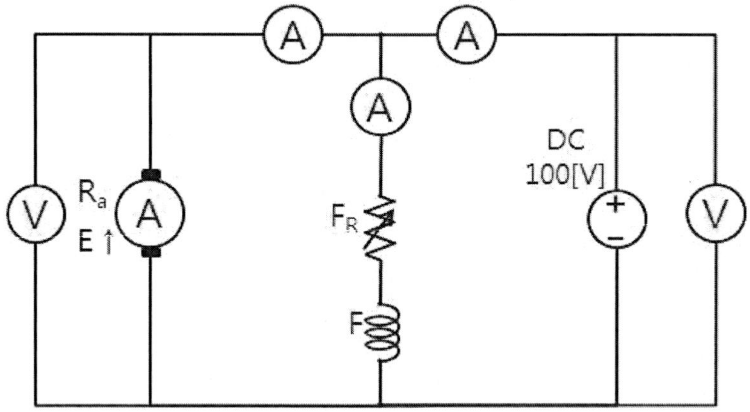

그림 2-6 계측기를 연결한 직류 전동기 회로도

⑧ 그림 2-7을 바탕으로 본인이 수정한 회로도에 대해 기동기를 접속할 수 있도록 회로도를 수정한다.

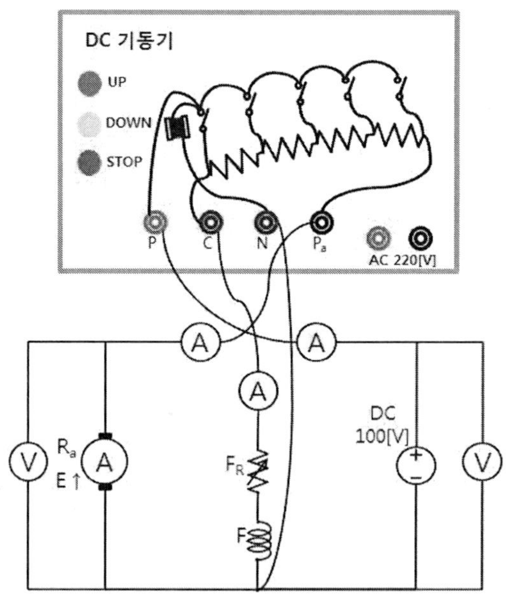

그림 2-7 직류 기동기를 연결한 직류 전동기 회로도

⑨ 직류기동기와 계기는 별도의 교류전원을 입력해야 동작한다. 교류 전원 공급기의 고정 3상 전원 중 2상의 전원을 계기 및 기동기의 AC 전원 단자와 연결한다.

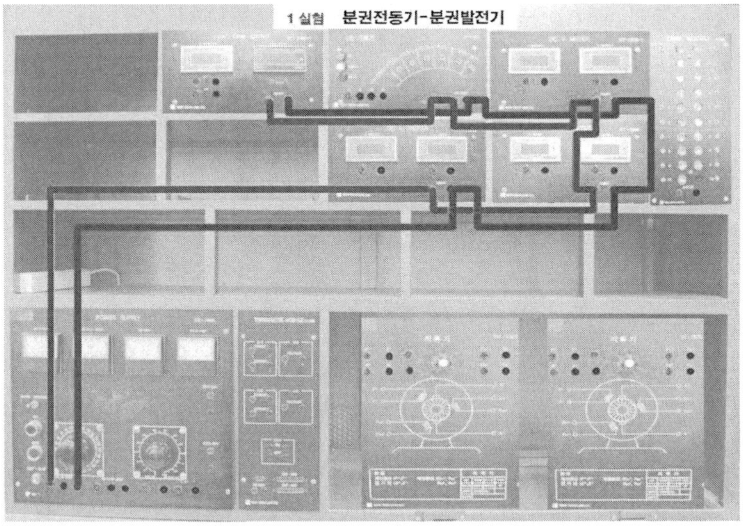

그림 2-8 계측기 및 직류기동기 전원연결

⑩ 전원은 최후에 접속한다. 분권계자권선 중 전원 (-)에 연결된 선은 후에 접속하고, 기동기의 C단자에서 시작하여 DC 전류계, 계자권선, 계자저항 순으로 접속을 진행하되 DC이므로 방향을 확인하여 연결한다.

실험에서 사용되는 전류계가 내부에서 개방되면, 직류 전동기에서 분권계자권선이 개방된 경우로서, DC 전동기의 회전속도가 급격히 상승한다. 그러므로 특히 계자권선에 접속하는 전류계는 고장 유무는 반드시 확인한다.

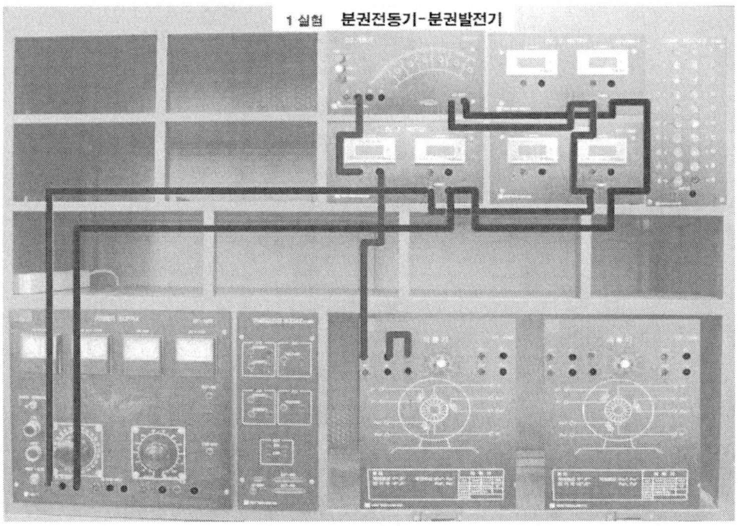

그림 2-9 직류기동기 C단자와 분권 계자권선 결선

⑪ 다음은 전기자권선의 연결이다. 기동기의 Pa단자에서 접속되는 결선으로 전류방향을 정확히 결선한다. 이때 ⑩에서 계자권선 부분 중 결선하지 않은 F-와 A-단자를 접속한다.

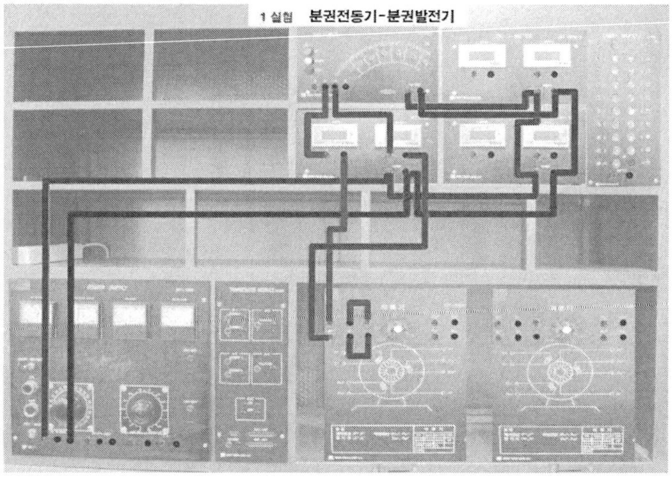

그림 2-10 직류기동기 Pa단자와 전기자권선 결선

⑫ 직류 전동기에 전원 공급회로를 접속한다. 전원공급기의 직류 전원 (+) 단자와 기동기 P단자 접속, 전원공급기 직류 전원 (-) 단자와 기동기 N단자 및 전동기 전기자 A-측 단자와 접속한다.

⑬ 마지막으로 전압계를 측정하고자 하는 장소에 병렬로 접속하면 직류 전동기 기동회로에 대한 실제배선이 완성된다.

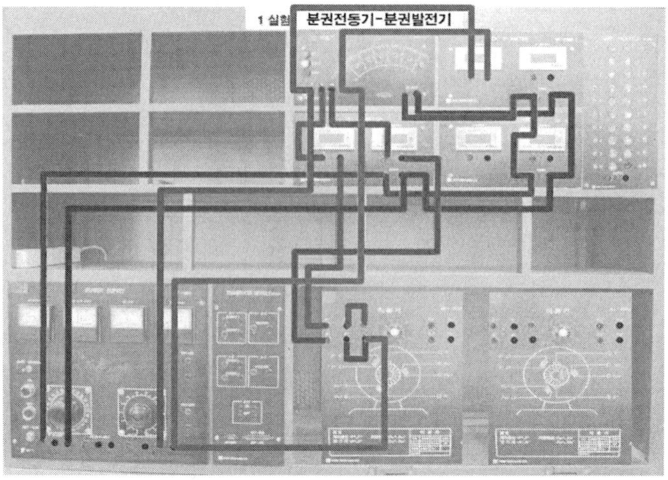

그림 2-11 직류 전동기 기동회로 최종 실제배선

(2) 직류 분권전동기 기동

① 직류전원공급기의 전원이 차단되어 있는지 확인한다.

② 직류 및 교류 가변전원용 전압조절기가 최소(0[Ω])의 위치에 놓이도록 조정한다.

③ 계자조정기(속도조정기)의 위치는 계자조정기 저항 값이 최소(0[Ω]) 위치에 놓이도록 조정한다.

④ 결선이 끝나면 다른 조원이 다시 회로를 점검하고, 담당 교수에게 회로의 이상 유무를 확인받는다.

⑤ 직류공급 장치의 가변 직류전원을 직류 전동기의 정격인 100[V]가 되도록 조정한다.

⑥ 기동기의 UP 스위치를 동작시켜 기동기의 S_1 스위치 램프가 동작하는지 확인한다. 이때 전동기가 적정 속도로 운전되는가를 RPM 메타를 확인하고 직류전류계 및 전압계의 지시값이 올바른가를 확인하고 아래 표에 기록한다.

회전속도 [rpm]	공급전압 [V]	전전류 [A]	전기자전류 [A]	계자전류 [A]	비고

⑦ 기동기의 스위치 ON에 의해 전동기에 전압이 공급되었을 때 전동기 속도가 급격히 증가하거나, 회전하지 않는 경우, 또는 전류계나 전압계의 측정값에 오류가 있으면, 기동기의 STOP 스위치를 동작시켜 전동기를 정지시키고 결선의 이상 유무를 다시 확인한다.

⑧ 전동기가 정상적으로 기동 운전되면 기동기의 UP 스위치를 동작시켜 위치 S_1에서 S_5까지 단계적으로 회전속도를 상승시킨다. 이때 UP 스위치는 기동전류가 감소될 때까지 단계별로 대략 5초 정도의 시간을 둔다. 또 최종 S_5까지 상승시켰을 때 전동기의 정격 속도인 1800[rpm]이 되어야 한다. 정격속도가 아닐 경우에는 계자저항을 가감하여 정격이 되도록 조정한다. 정격일 때 각 계측기의 값을 확인하고 아래 표에 기록한다.

회전속도 [rpm]	공급전압 [V]	전전류 [A]	전기자전류 [A]	계자전류 [A]	계자저항 [Ω]
1800					

⑨ 직류기동기의 STOP 스위치를 동작하여 직류 전동기를 정지시킨다.

⑩ 다시 직류기동기의 UP 스위치를 동작하여 스위치 단계별(S_1~S_5)로 측정값을 아래 표에 기입한다.

회전 속도 [rpm]	스위치 위치	조작 시간	공급전압 [V]	전전류 [A]	전기자 전류 [A]	계자전류 [A]	계자 저항 [Ω]	비고
	S_1							
	S_2							
	S_3							
	S_4							
	S_5							

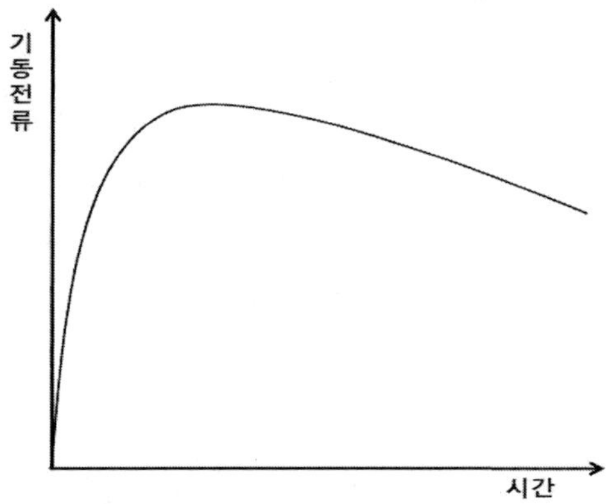

그림 2-12 분권전동기의 직입기동 시 초기 기동전류

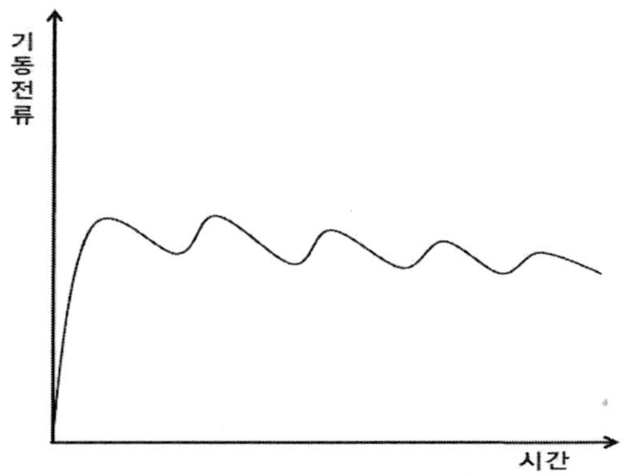

그림 2-13 직류 전동기용 기동기에 의한 기동시의 기동전류

⑪ 전원공급기의 전원을 OFF하고 정리한다.
⑫ 필요한 경우 측정 결과에 대한 그래프를 그려 특성을 이해한다.
⑬ 직입기동실험을 진행하여, 직류기동기를 사용한 실험 결과와 비교한다.
⑭ 실험에 사용한 기계기구 및 계측기를 정리한다.

6 검토문제

① DC 분권전동기를 기동할 때 기동전류가 큰 이유와 대책을 설명하시오.
② DC 분권전동기를 기동할 때 계자조정기의 저항값을 최소로 놓고 운전하는 이유를 설명하시오.
③ 운전 중 계자권선의 단선 시 나타나는 상황에 대하여 설명하시오.
④ DC 전동기의 종류를 들고 특징과 용도를 간략히 설명하시오.
⑤ 실험 시 특이사항과 결론을 정리하시오.

실험 03 직류 분권전동기의 속도제어

1 실습목적

① 직류 분권전동기 구조를 알고 속도특성을 알 수 있다.

② 직류 분권전동기의 속도제어방법을 알 수 있다.

2 사용기기 및 재료

①	기본장치함		1대
②	전원장치	3φ 3W AC 220[V], 3[A], DC 120[V] 3[A]	1대
③	직류 전동기	DC 100[V] 1800[rpm] 400[W]	1대
④	직류기동기	DC 1[A] 8[Ω]	1대
⑤	전류계	DC 3[A]	3대
⑥	전압계	DC 150[V]	2대
⑦	회전계	3000[rpm]	1대
⑧	계자조정기	500[Ω] 2[A]	1대
⑨	리드선		1조

직류 전동기의 속도 N은 $N = k\dfrac{V - I_a R_a}{\phi}$이다. 따라서 속도를 제어하려면 ϕ, V, 또는 R_a를 조정하면 된다. 여기서 V를 조정하는 것을 전압제어, R_a를 조정하는 것을 저항제어, ϕ를 조정하는 것을 계자제어라 한다.

(1) 전압제어

속도 N은 $N = k\frac{V - I_a R_a}{\phi}$에서 전원전압 V를 조정하는 방법이다.

속도제어 범위가 광범위하고 효율이 좋다. 가장 우수한 속도제어법이나 설치비가 비싸다.

전원전압을 제어하는 방법으로 전에는 워드레오나드시스템(Ward Leonard System)이 사용되었으나 현제는 이 방법은 거의 사용되지 않고 있으며 반도체회로를 이용하는 직류전압제어 회로가 다양하게 개발 사용되고 있다. 이를 정지워드레오나드시스템이라 하기도 한다.

(2) 계자제어

속도 N은 $N = k\frac{V - I_a R_a}{\phi}$에서 자속 ϕ를 조정하는 방법이다. 이는 계자회로에 가변저항 RF를 직렬로 삽입하여 제어한다. 속도조정 범위가 넓고, 효율이 비교적 좋다. 특히 설치비가 저렴하여 손쉽게 사용할 수 있는 방법이다. 계자회로의 전류는 미소하므로 저항에서의 열손실이 작다.

(3) (직렬)저항제어

속도 N은 $N = k\frac{V - I_a R_a}{\phi}$에서 전기자저항 R_a를 조정하는 방법이다. 실제로 전기자저항을 변화시킬 수는 없으므로 전기자회로에 가변저항을 직렬로 삽입하여 이를 조정한다.

속도제업 범위가 매우 좁고, 효율이 나쁘므로 거의 사용되지 않는다. 전기자전류가 크므로 저항에서의 열손실이 크다.

4 실험 시 주의사항

① 직류기기의 전원은 극성을 가지고 있으므로 기기 및 계측기를 접속 할 때 전압의 방향을 확인하여 결선해야 한다.

② 분권전동기 결선 시 전동기 권선 중 직권권선은 사용하지 않으며 결선하지 않는다.

③ 분권계자권선에 직렬로 연결되는 전류계 및 계자저항기의 고장이나 단선 시 전동기가 고속 회전할 수 있으니 결선 후 회로시험기를 사용하여 확인한다.

④ 실험에 사용되는 각 기기의 정격을 확인하고, 정격 범위 내에서 기기를 사용해야 정확한 실험을 할 수 있다.

5 실험실습방법

(1) 권선의 저항 측정

① 직류 분권전동기 및 분권발전기의 권선저항을 측정하여 아래 표에 기록한다. 전기자 권선의 저항 측정 시 브러시와 정류자 편과의 접촉 때문에 측정에 어려움이 발생할 경우, 전동기 측이나 발전기 측의 회전자를 서서히 돌리면 전기자 권선의 저항을 측정할 수 있다.

구분	전기자권선	분권계자권선	직권계자권선	비고
DC 전동기				

(2) 결선방법

① 사용기기 및 재료 목록과 그림 3-1 직류 분권전동기 회로도를 참조하여 실험에 필요한 기기 · 기구 목록을 작성한다.

물품명	규격	필요 수량	비고

② 과정 ①에서 작성한 목록을 참조하여, 실험이 편리한 위치에 각 기기 및 계기를 설치한다.

그림 3-1 기본 실험대에 필요장비 장착모습

③ 기본실험대에 장착된 사용기기의 규격은 **실험 1 기계 · 기구 사용설명**을 참조하여 확인하고, 기기의 이상 유무를 점검한다.

④ 직류전원 공급 장치의 출력이 OFF될 수 있도록 동작을 확인하고, 가변 전원 전압은 최소인 0[V]로 조정한다.

⑤ 직류 전동기에서 계자조정기(속도조정기)는 저항 값이 최소인 위치에 놓이도록 조정한다.

⑥ 직류 전동기는 사용 전원이 DC이므로 사용되는 계측기 및 기기에 흐르는 전류의 방향을 정확히 결선한다. 직류 전동기의 결선도에 전류가 흐르는 방향을 미리 표기하는 것도 바람직하다.

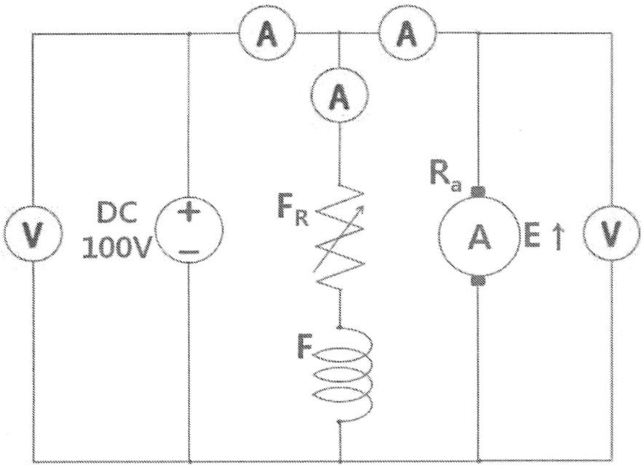

그림 3-2 계측기를 접속한 직류 전동기 회로도

⑦ 그림 3-2는 회로도이다. 실험에 필요한 최소 계기수를 확인하고 결선에 맞도록 회로도를 수정한다.

⑧ 그림 3-3에 본인이 수정한 회로도에 대해 기동기를 접속할 수 있도록 회로도를 재수정한다.

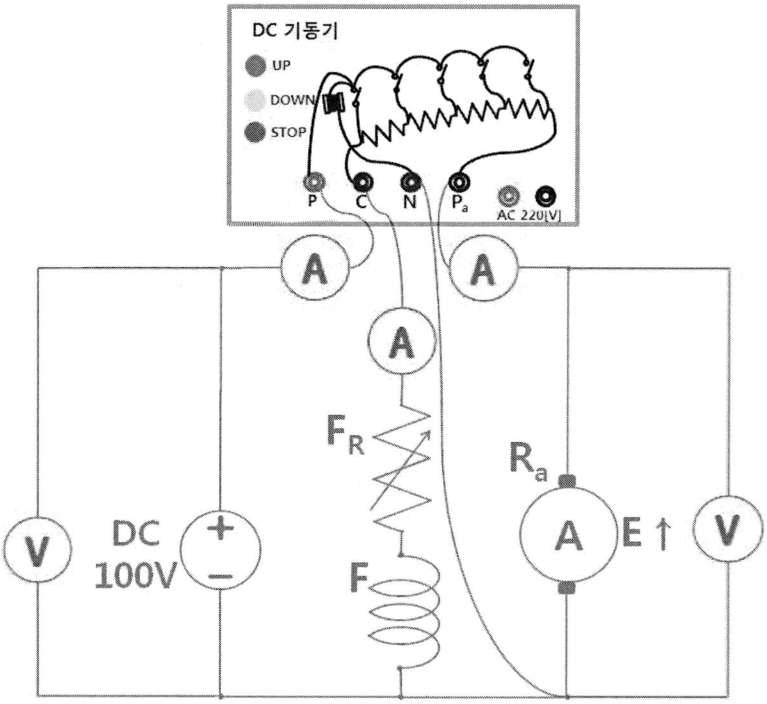

그림 3-3 직류 기동기를 연결한 직류 전동기 회로도

⑨ 실험에 필요한 기동기 및 계기는 별도의 교류전원을 입력해야 동작하므로 직류전원 공급기의 고정 3상 원 중 2상의 전원을 계기 및 기동기의 AC전원 단자와 연결한다.

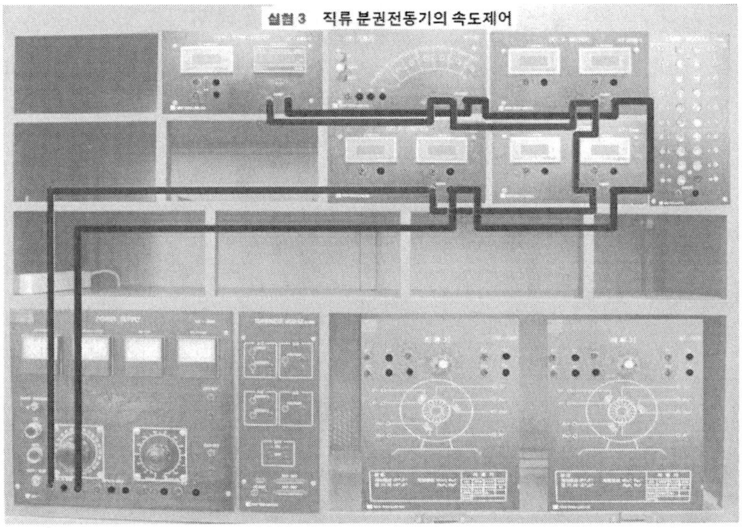

그림 3-4 계측기 및 직류기동기 전원 연결

⑩ 회로에 공급하는 전원은 최종에 연결한다. 분권계자권선 부분 중 전원 (-)에 해당하는 부분은 재외하고, 기동기의 C단자에서 시작하여 DC 전류계, 계자권선, 계자저항 순으로 결선을 진행하되 DC이므로 극성을 정확히 결선한다. 전류계가 내부에서 개방되면 직류 전동기에서 분권계자권선이 개방된 경우로 전동기의 회전속도가 급격하게 상승된다. 그러므로 특히 계자권선에 접속하는 전류계의 이상 유무를 반드시 확인한다.

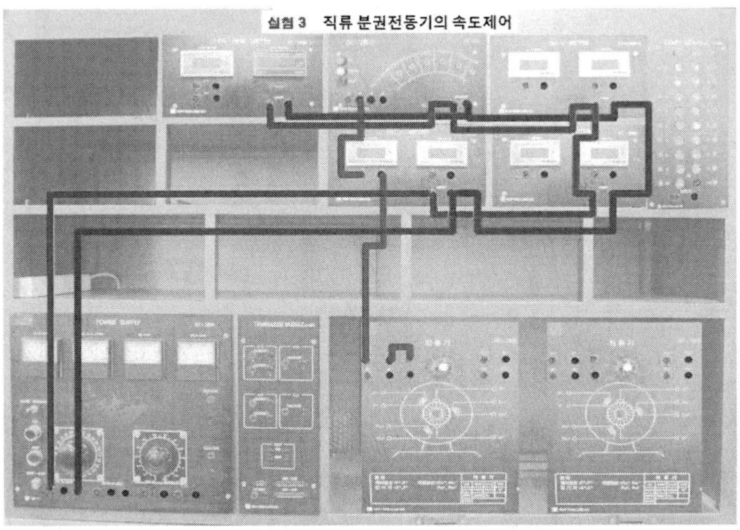

그림 3-5 직류기동기 C단자와 분권 계자권선 결선

⑪ 다음은 전기자권선을 연결한다. 기동기의 Pa단자에서 전기자권선을 통해 전원 (-)로 연결한다. 이때 ⑩에서 결선하지 않은 계자의 F-와 A-단자를 연결한다.

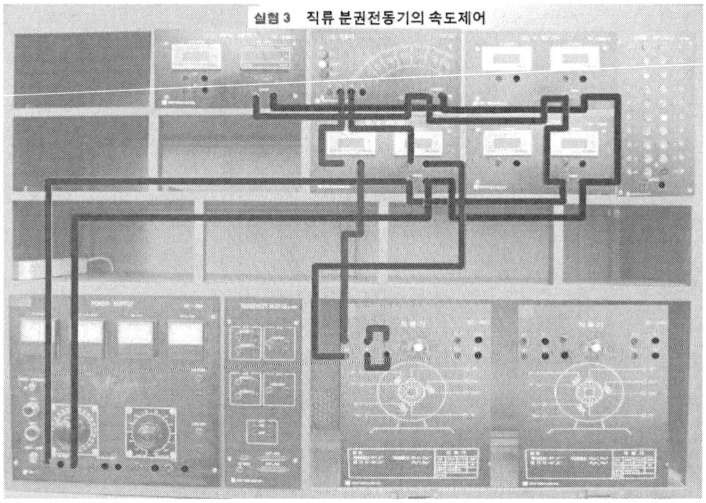

그림 3-6 직류기동기 Pa단자와 전기자권선 결선

⑫ 직류 전동기에 전원으로 전원공급기 직류전원 (+) 단자와 기동기 P단자를 접속, 전원 공급기 직류전원 (-) 단자와 기동기 N단자 및 전동기 전기자 A-측 단자와 접속한다.

⑬ 전압계를 측정하고자 하는 장소에 병렬로 접속하면, 직류 전동기의 속도제어를 위한 전동기 실제 결선이 완성된다.

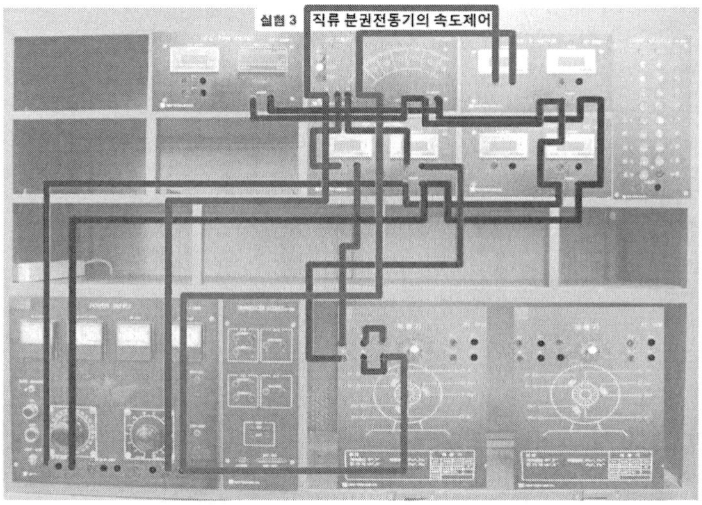

그림 3-7 직류 전동기의 속도제어에서 전동기회로 최종 실제배선

(3) 직류 분권전동기 기동

① 직류전원공급기의 전원이 OFF 인지 확인한다.

② 직류 및 교류 가변전원용 전압조정기가 최소(0[Ω])의 위치에 놓이도록 조정한다.

③ 계자조정기(속도조정기)의 위치는 계자조정기 저항 값이 최소(0[Ω]) 위치에 놓이도록 조정한다.

④ 결선이 끝나면 다른 조원이 다시 회로를 점검하고, 담당교수에게 회로의 이상 유무를 확인받는다.

⑤ 직류공급 장치의 가변 직류전원을 직류 전동기의 정격인 100[V]가 되도록 조정한다.

⑥ 기동기의 UP 스위치를 동작시켜 기동기의 S_1 스위치 램프가 동작하는지 확인한다. 이때 직류 전동기가 적정 속도로 운전하는가 RPM 메타를 확인하고 전류계 및 전압계의 지시값이 올바른가를 확인하고 아래 표에 기재한다.

회전속도 [rpm]	공급전압 [V]	전전류 [A]	전기자전류 [A]	계자전류 [A]	계자저항 [Ω]

⑦ 기동기를 ON하였을 때 전동기의 속도가 급격히 증가하거나, 회전하지 않는 경우, 전류계 또는 전압계 등의 측정값에 오류가 있으면, 기동기의 STOP 스위치를 동작시켜 전동기를 정지시키고 결선의 이상 유무를 다시 확인한다.

⑧ 전동기가 정상적으로 기동 운전되면, 기동기의 UP 스위치를 S_1에서 S_5까지 단계적으로 상승시킨다. 이때 단계별로 대략 5초 정도의 시간을 둔다. 최종 S_5에서 전동기의 정격 속도인 1800[rpm]되어야 한다. 정격속도가 아닐 경우 계자저항을 가감하여 정격이 되도록 조정한다. 정격일 때 각 계기를 확인하고 아래 표를 작성한다.

회전속도 [rpm]	공급전압 [V]	전전류 [A]	전기자전류 [A]	계자전류 [A]	계자저항 [Ω]
1800					

⑨ 직류기동기의 STOP 스위치를 동작하여 전동기를 정지시킨다.

⑩ 다시 기동기로 기동시킨 후, 직류 전동기에서 기동 시에 변화하는 값들을 단계별로 측정, 아래 표에 기입한다.

회전 속도 [rpm]	스위치 위치	조작 시간	공급전압 [V]	전전류 [A]	전기자 전류 [A]	계자전류 [A]	계자 저항 [Ω]	비고
	S_1							
	S_2							
	S_3							
	S_4							
	S_5							

⑪ 전원공급기의 전원을 차단하고 실험에서 측정한 내용을 바탕으로 나머지 값에 대한 내용을 정리한다.

⑫ 실험 ⑪에서 정리된 기동전류, 시간, 전동기 회전수 등을 참조하여 전동기의 기동특성을 이해하기 쉽도록 그래프를 그린다.

(4) 직류 분권전동기의 전압제어실험

① 앞의 (3) 직류 분권전동기 기동실험에 바로 이어서 진행 하는 경우 ③번 과정으로 간다. 만약 기동실험 후 정지한 상태이면 ②번부터 다시 진행한다.

② 직류 전동기를 운전시키기 위해서는 직류기동기의 UP 스위치를 동작하여 전동기를 기동시킨다. 앞의 (3) 직류 분권전동기 기동실험에서 ⑩의 표를 이용하여 작성한다.

③ 정격인 DC 100[V], 1800[rpm]으로 운전 중인지 확인하고 아래 표에 기록한다.

회전속도 [rpm]	공급전압 [V]	전전류 [A]	전기자전류 [A]	계자전류 [A]	계자저항 [Ω]
1800					

④ 전압을 제어하여 직류 전동기의 회전수를 제어하는 실험으로 전동기에 가해지는 전압을 정격전압인 100[V]에서 정격에 55%인 55[V]까지 5[V]씩 감소하면서 전압의 변동 값과 회전수 등을 측정하여 아래 표에 작성한다.

공급 전압[V]	회전속도 [rpm]	조작 시간	전전류 [A]	계자전류 [A]	전기자 전류 [A]	비고
100						
95						
90						
85						
80						
75						
70						
65						
60						
55						

⑤ 전원공급기의 전원을 OFF하고 측정한 내용을 바탕으로 나머지 값에 대하여 정리한다.

⑥ 실험 ⑤에서 정리된 기동전류, 시간, 전동기 회전수 등을 참조하여 전동기의 특성을 이해하기 쉽도록 그래프를 그려본다.

(5) 직류 분권전동기의 계자제어실험

① 앞의 (3) 직류 분권전동기 기동실험에 바로 이어서 진행하는 경우에는 ③번 과정으로 간다. 기동실험 후 정지상태이면 ②번부터 다시 진행한다.

② 기동기를 이용하여 직류 전동기를 기동시킨 후 단계별로의 측정값들을 앞의 (3)의 ⑩의 표를 이용하여 작성한다.

③ 전동기가 정격인 DC100[V], 1800[rpm]에 운전되고 있는지 확인하고 아래 표를 작성한다.

회전속도 [rpm]	공급전압 [V]	전전류 [A]	전기자전류 [A]	계자전류 [A]	계자저항 [Ω]
1800					

④ 계자저항을 제어하여 직류 분권전동기의 회전수를 제어하는 실험으로 전동기의 분권계자권선에 연결되어있는 계자저항을 조정하여 전동기의 회전속도를 제어하는 실험이다. 아래 표처럼 계자저항을 조정하여 회전속도를 1800[rpm]에서 50[rpm]씩 감소시키면서 측정값들을 아래 표에 기재한다.

회전속도 [rpm]	공급전압 [V]	조작 시간	전전류 [A]	계자전류 [A]	전기자 전류 [A]	비고
1800						
1750						
1700						
1650						
1600						
1550						
1500						
1450						
1400						
1350						

⑤ 전원공급기의 전원을 차단하고 측정값과 나머지 값들을 정리한다.

⑥ 특성의 이해를 위하여 실험 ⑤에서 정리된 결과를 그래프로 그려본다.

(6) 직류 분권전동기의 (직렬)저항제어 실험

① 앞의 (3) 직류 분권전동기 기동실험에 바로 이어 진행하면 ③번 과정으로 간다. 만약 기동실험 후 정지상태면 ②번부터 다시 진행한다.

② 기동기를 이용하여 직류 전동기를 기동시킨 후 단계별로의 측정값들을 앞의 (3)의 ⑩의 표를 이용하여 작성한다.

③ 전동기의 정격인 DC 100[V], 1800[rpm]에 운전되고 있는지 확인하고 아래 표를 작성한다.

회전속도 [rpm]	공급전압[V]	전전류[A]	전기자전류 [A]	계자전류[A]	계자저항[Ω]
1800					

④ (직렬)저항 제어실험은 전동기의전기자권선에 연결되어 있는 직렬저항을 조정하여 전동기의 회전속도를 제어하는 실험이다. 아래 표처럼 직렬저항을 단계적으로 조정하여, 즉 기동기의 스위치 위치(S_1~S_5)에 따른 측정값들을 아래 표에 기재한다.

전 속도 [rpm]	스위치 위치	조작 시간	공급전압 [V]	전전류 [A]	전기자 전류 [A]	계자 전류[A]	계자 저항[Ω]	비고
	S_5							
	S_4							
	S_3							
	S_2							
	S_1							

⑤ 전원공급기의 전원을 차단하고 측정값과 나머지 값들을 정리한다.

⑥ 특성의 이해를 위하여 실험 ⑤에서 정리된 결과를 그래프로 그려본다.

6 검토문제

① Ward-Leonard System과 정지 Ward-Leonard System을 간단히 설명하시오.

② 직류 전동기 속도제어 방법의 종류와 각각의 장 · 단점을 비교 설명하시오. 속도제어 범위, 설치비용, 효율 등의 관점에서 비교 설명하시오.

③ 직류 전동기의 회전 방향을 바꾸는 방법을 설명하시오.

④ 직류 전동기의 제동 방법을 설명하시오.

⑤ 실험 시 특이사항과 결론을 정리하시오.

실험 04 직류 분권전동기 부하특성

1 실습목적

① 부하 변화에 따른 직류 분권전동기의 특성을 관찰하고 이해할 수 있다.

② 부하 변화에 따른 직류 분권전동기의 속도변동률을 구할 수 있다.

③ 직류 분권전동기의 내부 구조를 관찰한다.

2 사용기기 및 재료

기본 공통 사용

①	기본장치함		1대
②	전원장치	3φ 3W AC 220[V], 3[A], DC 120[V] 3[A]	1대
③	회전계	3000[rpm]	1대
④	리드선		1조

직류 전동기 결선용

①	직류 전동기	DC 100[V] 1800[rpm] 400[W]	1대
②	직류기동기	DC 1[A] 8[Ω]	1대
③	전류계	DC 3[A]	3대
④	전압계	DC 150[V]	2대
⑤	계자조정기	500[Ω] 2[A]	1대

직류 발전기 결선용

①	직류 발전기	DC 100[V] 1800[rpm] 400[W]	1대
②	전류계	DC 3[A]	3대
③	전압계	DC 150[V]	2대
④	계자조정기	500[Ω] 2[A]	1대
⑤	램프부하	10[W]×20EA, 200[W]	1대

3 예비지식

직류 분권전동기는 그림 4-1에서와 같이 전기자권선과 계자권선이 전원에 병렬로 연결되어 있다.

직류 분권전동기의 부하변화에 따른 속도특성과 토크특성은 다음과 같다.

(1) 직류 분권전동기의 속도특성

정상 운전 상태에서 전동기의 회전속도 N[rpm]은 다음 식 (4-1)과 같으며, 여기서 전압 V, 전기자저항 R_a는 일정하다. 계자저항 R_f와 전압 V가 일정하므로 계자전류 I_f도 일정하며 따라서 자속 ϕ도 일정하다.

$$N = k\frac{V - I_a R_a}{\phi}\,[rpm] \qquad (4\text{-}1)$$

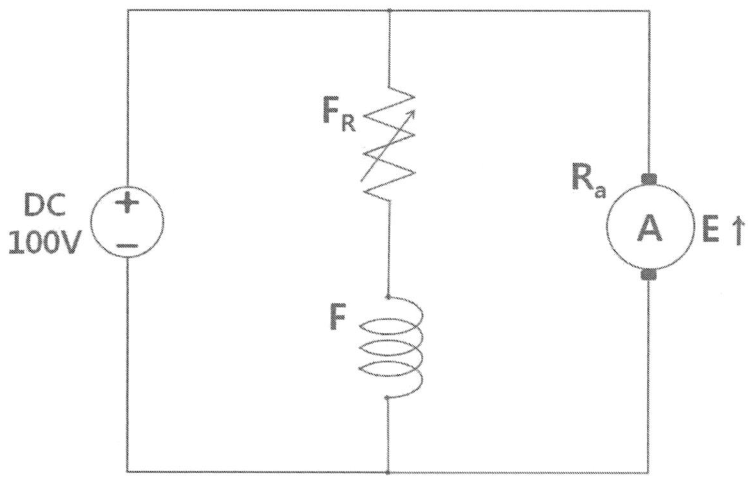

그림 4-1 직류 분권전동기 운전회로

그림 4-1 회로에서 전동기의 부하전류 I [A]는 다음 식 (4-2)와 같다.

$$I = I_a + I_f\,[A] \qquad (4\text{-}2)$$

여기서 계자전류 I_f는 전기자전류 I_a에 비하여 매우 작다. 실제로 I_f는 I_a의 1~2[%] 정도이다. 따라서 부하전류 I는 대략 전기자전류 I_a와 같다고 볼 수 있다. 즉 다음 식과 같다.

$$I \fallingdotseq I_a\,[A] \qquad (4\text{-}3)$$

따라서 부하전류의 증감은 전기자전류의 증감과 동일하다.

그러므로 전동기 부하의 증가는 식 (4-1) 우변의 분자에서 $I_a = I$의 증가로 나타나고 분자는 감소하게 되며 기울기는 $-R_a$이다. 따라서 속도는 감소한다. 그러나 $I_a R_a$의 크기는 V에 비하여 매우 작으므로 속도 감소는 매우 작다. 분권전동기의 속도특성곡선이 그림 4-2에 주어졌다.

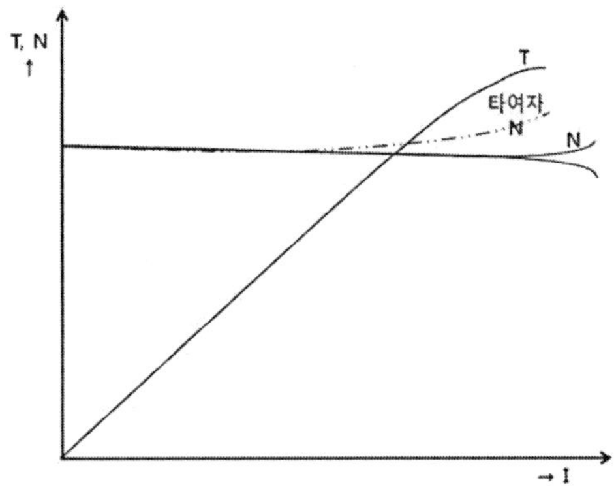

그림 4-2 직류 분권전동기의 속도특성 및 토크특성

(2) 속도변동율의 계산

전동기의 속도 변동률은 다음 식으로 계산된다.

$$\text{속도변동율} = \frac{N_o - N_n}{N_n} \times 100\ [\%]$$

단, N_n : 정격속도, N_0 : 무부하속도

(3) 직류 분권전동기의 토크(torque)특성

직류 전동기에서 토크는 전기자전류 I_a에 비례하고 자속 ϕ에 비례하므로 다음 식과 같다.

$$T = k\phi I_a\ [\mathrm{N \cdot m}] \qquad (4\text{-}4)$$

여기서 직류 분권전동기의 경우 $I = I_a$ 이므로

$$T = k\phi I\ [\mathrm{N \cdot m}] \qquad (4\text{-}5)$$

와 같다.

자속 ϕ는 일정하므로, 부하가 증가하면 토크는 이에 비례하여 직선적으로 증가한다. 실제로는 부하가 커지면 전기자반작용의 증가로 인하여 ϕ 가 감소하므로 부하가 큰 부분에서는 토크가 직선적으로 증가하지는 못한다.

단, V : 공급전압, ϕ : 계자 자속

(4) **입력 P, 역기전력 E, 출력 P_m 의 관계**

입력 P는 공급전압 V, 부하전류 I에서

$$P = VI\,[W] \tag{4-6}$$

역기전력 E는 전기자반작용을 무시하면 분권전동기의 경우

$$\begin{aligned} E &= V - I_a R_a \\ &= V - IR_a \quad [V] \end{aligned} \tag{4-7}$$

식 (4-7)의 양변에 I 을 곱하면 다음과 같다.

$$EI = VI - I^2 R_a \quad [W] \tag{4-8}$$

여기서 우변의 VI[W] 는 입력이고 $I^2 R_a$ [W]는 동손을 의미한다. 따라서 직류기기의 경우 철손이 작으므로 이를 무시하면 EI[W] 가 출력, 즉 기계적 동력이 된다. 즉 기계적 동력 P_m은 다음 식과 같다.

$$P_m = EI = VI - IR_a\,[W] \tag{4-9}$$

4 실험 시 주의사항

① M-G set 고정 시 흔들림이 없도록 견고히 할 것.
② 직류계측기의 방향을 확인하고 결선 시 주의하여 결선할 것.
③ 직류 분권전동기 결선 시 직권권선은 사용하지 않으므로 결선하지 말 것.
④ 직류 분권전동기 기동 시 기동기를 적절하게 사용하여 기동전류에 의한 영향을 최소화할 것.
⑤ 직류 분권전동기 기동 시 계자저항을 최소 위치로 조정 후 기동할 것.
⑥ 분권계자권선에 직렬로 연결되어 있는 전류계 및 계자저항기의 고장이나 단선 시 전동기가 고속 회전될 수 있으니 결선 후 회로시험기로 확인할 것.
⑦ DC 전동기이므로 결선 시 각 권선의 방향에 주의하여 결선한다. 결선 시 극성을 잘못 연결하면 전기자 회전방향이 반대가 되거나, 특성이 변화하여 정확한 실험결과를 구할 수 없다.
⑧ 각 기기의 정격범위를 확인하여 정격범위 내에서 실험할 것.

5 실험실습방법

(1) 권선의 저항 측정

① 직류 분권전동기 및 직류분권발전기의 권선저항을 측정하여 아래 표에 기록한다. 여기서 전기자권선의 저항을 측정 할 때에는 브러시와 정류자편과의 접촉 때문에 측정에 어려움이 발생할 수 있다. 이 경우 전동기 측이나 발전기 측의 회전자를 서서히 돌리면서 전기자권선의 저항 값을 측정할 수 있다.

구분	전기자권선	분권계자권선	직권계자권선	비고
직류 전동기				
직류 발전기				

(2) 직류 분권전동기 결선

① 사용기기 · 기구 목록과 그림 4-1 직류 분권전동기 회로도를 참조하여 실험에 필요한 기기 · 기구 목록을 작성한다.

기기 · 기구명	규격	필요 수량	비고

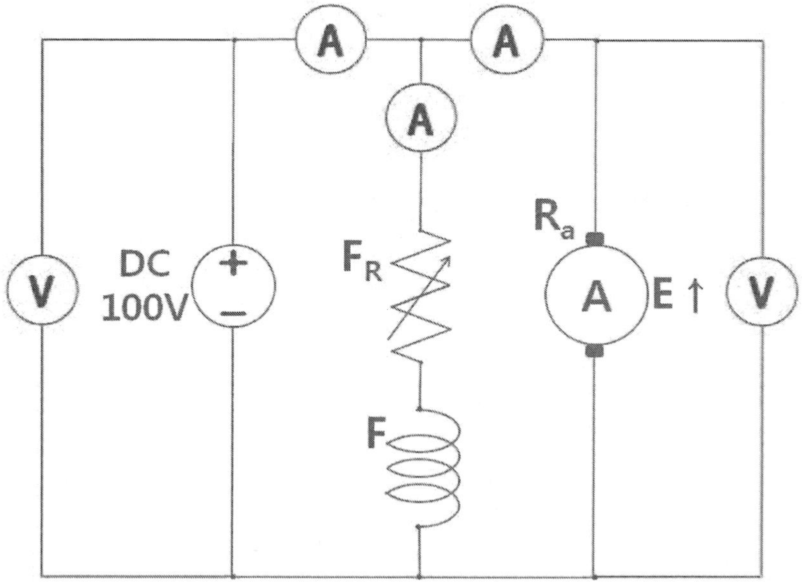

그림 4-3 직류 분권전동기의 결선도

② 과정 ①에서 작성한 목록을 참조하여, 실험이 편리한 위치에 각 기기 · 기구를 설치 한다.

그림 4-4 실험대에 직류 분권전동기의 실험에 필요 기기 장착모습

③ **실험 1 기기 · 기구 사용설명**을 참조하여 기본실험대에 장착된 사용기기의 규격을 확인하고, 이상 유무를 점검한다.

④ 직류전원 공급 장치의 출력이 OFF될 수 있도록 동작여부를 확인하고, 가변 전원 전압은 최소인 0[V]로 조정한다.

⑤ 직류 전동기에 설치되어 있는 계자조정기(속도조정기)의 위치는 저항값이 최소 위치에 놓이도록 조정한다.

⑥ 직류 전동기는 전원이 DC이므로 계기 및 기기의 결선 시 극성을 정확히 연결한다. 직류 전동기의 결선도에 전류가 흐르는 방향을 미리 표기하는 것도 바람직하다.

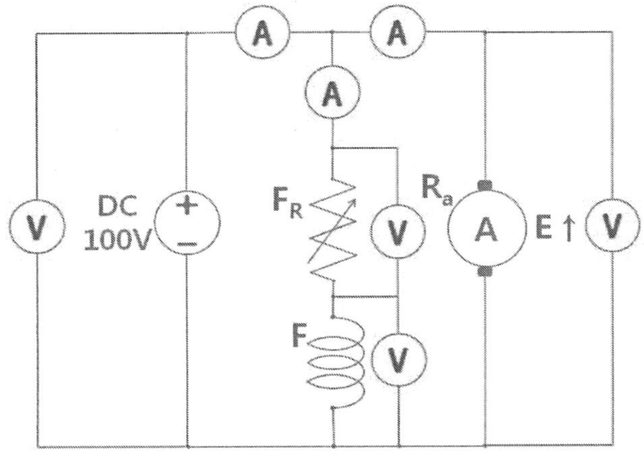

그림 4-5 계측기를 접속한 직류 전동기 회로도

⑦ 그림 4-5는 계기를 모두 표시한 그림이다. 실험에 필요한 최소 계기수를 확인하고 회로도를 수정한다.

⑧ 그림 4-5를 바탕으로 기동기를 접속할 수 있도록 회로도를 재수정한다.

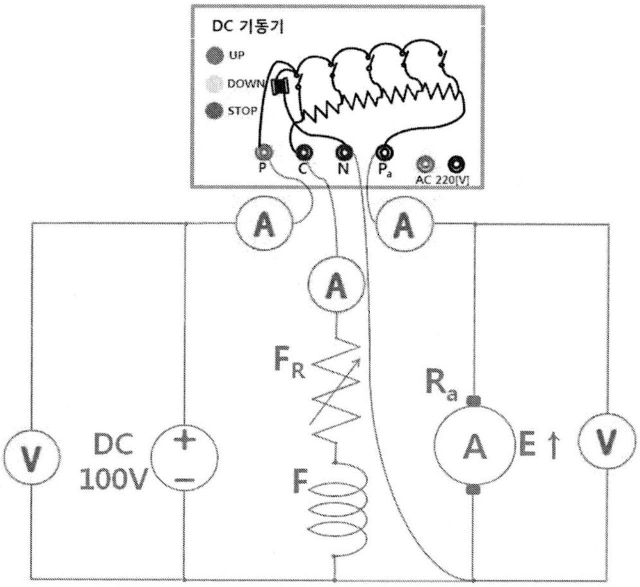

그림 4-6 직류 기동기를 연결한 직류 전동기 회로도

⑨ 기동기 및 계기는 별도의 교류전원을 입력해야 동작한다. 교류전원공급기의 고정 3상 전원 중 2상을 계기와 기동기의 AC 전원 단자로 사용한다.

그림 4-7 기동기에 계측기 및 직류기동기 전원 연결

⑩ 회로의 전원은 최종으로 접속하는 것이 좋다. 분권계자권선 부분 중 전원 (-)에 연결된 선은 제외하고, 기동기에서의 C단자에서 시작하여 DC 전류계, 계자권선, 계자저항 순으로 연결한다. 전류계의 고장으로 분권계자 회로가 개방되면, 직류 전동기의 회전 속도가 급격히 상승한다. 그러므로 특히 계자권선에 연결하는 전류계의 이상 유무는 반드시 확인한다.

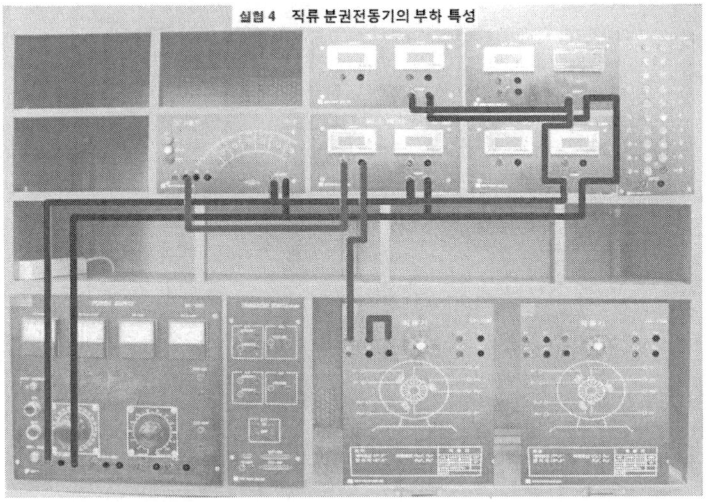

그림 4-8 직류기동기 C단자와 분권전동기 계자권선 결선

⑪ 다음은 전기자권선을 연결한다. 기동기의 Pa단자-전기자권선-전원의 (-) 단자로 연결한다. 여기서 ⑩에서 결선하지 않은 F-와 A-단자를 접속한다.

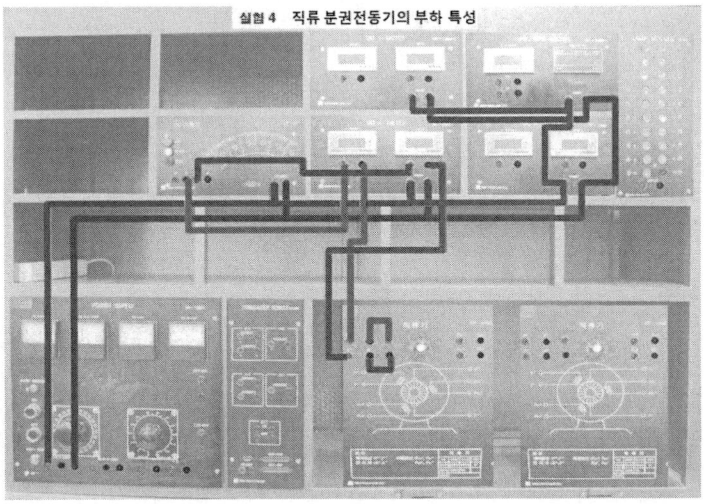

그림 4-9 직류기동기 Pa단자와 전기자권선 결선

⑫ 전원 공급을 위해 전원공급기 직류 전원 (+) 단자와 기동기 P단자 접속, 전원공급기 직류전원 (-) 단자와 기동기 N단자 및 전동기 전기자 A-측 단자와 접속한다.

⑬ 전압계를 병렬로 접속하면 속도제어실험을 위한 배선이 완성된다.

그림 4-10 직류 전동기의 속도제어에서 전동기회로 실제배선

⑬ 직류 분권전동기 부하특성실험을 위해서는 전동기 부하로서 DC 발전기를 이용해야 한다. DC 발전기 결선은 [실험 07 직류 발전기 특성]을 참조하여 직류분권발전기 회로를 아래 그림과 같이 결선한다.

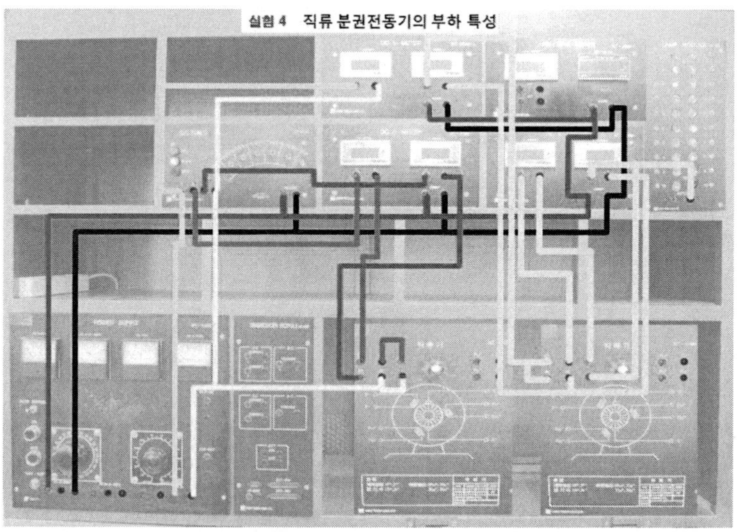

그림 4-11 직류 분권전동기 부하 특성실험을 위한 실제배선

(3) 직류 분권전동기 및 분권발전기 부하실험을 위한 기동

① 직류전원공급기의 전원이 차단되어 있는지 확인한다.

② 직류 및 교류 가변전원용 전압조정기가 최소 위치에 놓이도록 조정한다.

③ 계자조정기(속도조정기)의 위치는 분권전동기의 계자조정기 저항값은 최소(0[Ω]) 위치로 조정하고, 분권발전기 계자조정기의 저항값은 최대(150[Ω]) 위치로 조정한다.

④ 실험 (1) 과정의 직류 분권전동기 및 직류분권발전기의 결선이 끝나면 다른 조원이 결선한 회로의 이상 유무를 점검한다.

⑤ 전원공급 전에 실험 방법을 공동 실험자와 논의하고 각각 담당 범위를 확인한다.

⑥ 담당교수에게 회로의 이상 유무를 확인받는다.

⑤ 전원공급기의 전원을 투입하여 직류 전동기를 회전시키고 이를 원동기로 하는 직류 발전기 출력에 부하를 연결한다. 발전기의 부하를 변화시키면 전동기의 부하가 변화하는 것을 이용하여 전동기부하실험을 진행한다.

직류 전동기와 직류 발전기의 커플링은 운전 중 견딜 수 있도록 견고히 고정시킨다.

⑥ 직류공급 장치의 가변직류전원을 전동기 정격 100[V]가 되도록 조정한다.

⑦ 직류기동기의 UP 스위치를 동작시켜 기동기의 S_1 스위치의 램프가 동작하는지 확인한다. 이때 RPM 메타, 전류계, 전압계 등을 관찰하여 전동기의 운전상태가 정상적인지 확인하고 아래 표를 완성한다.

직류 분권전동기					비고
회전속도 [rpm]	공급전압 [V]	전전류 [A]	전기자전류 [A]	계자전류 [A]	

⑧ 기동기의 스위치를 동작시켜 전동기를 기동한 후, 속도가 급격히 증가하거나, 회전하지 않는 경우, 전류계 또는 전압계의 측정값에 오류가 있는 경우에는 기동기의 STOP 스위치를 동작시켜 전동기를 정지시키고, 결선의 이상 유무를 다시 확인한 후, 실험과정 ⑥부터 다시 진행한다.

⑨ 전동기가 정상적으로 기동 운전되면, 기동기의 UP스위치를 동작시켜 스위치를 S_1에서 S_5까지 단계적으로 상승시킨다. 이때 UP스위치는 단계별로 대략 5초 정도의 시간 간격을 둔다. 최종 S_5까지 상승시켰을 때 전동기의 정격 속도인 1800[rpm] 되도록 계자저항을 조정한다.

⑩ 직류 분권전동기가 1800[rpm]으로 회전할 때 커플링을 통하여 접속되어 회전하고 있는 직류분권발전기에서 발생하는 직류전압이 100[V]가 되도록 직류분권발전기 측의 계자저항 값을 조정한다.

⑪ 직류 발전기의 전압을 상승시키기 위하여 직류 발전기 계자권선의 계자저항 값을 감소시키면 발전기의 유기기전력은 상승하지만 전동기의 부하 분담이 증가하여 회전속도가 감소하게 된다. 회전속도가 감소되지 않도록 직류 전동기의 계자저항 값도 병행하여 조정할 필요가 있다.

⑫ 직류분권발전기의 출력 전압이 DC 100[V]이고 회전수가 1800[rpm]이면 이때 측정값들을 아래 표에 기입한다.

구분	직류 분권전동기				직류 분권발전기			
회전수 [rpm]	입력전압 [V]	전기자 전류 I_a [A]	계자 전류 I_f [A]	부하 전류 I [A]	전기자 전류 I_a [A]	계자 전류 I_f [A]	부하 전류 I [A]	출력전압 [V]

⑬ 직류 분권전동기의 부하실험을 하기 위해서는 기본 장치함 우측 상단에 설치되어 있는 램프부하 10[W], 20개 총 200[W]의 부하를 사용한다. 직류 분권전동기와 접속되어 있는 직류분권발전기에 20[W]씩 10번 반복하여 측정한다. 부하가 변할 때마다 측정값을 아래 표에 기입한다.

램프 부하 [W]	회전수 [rpm]	손실 [W]	효율 [%]	직류 분권전동기					직류 분권발전기				
				입력 전압 [V]	전기자 전류 I_a [A]	계자 전류 I_f [A]	부하 전류 I [A]	입력 [W]	전기자 전류 I_a [A]	계자 전류 I_f [A]	부하 전류 I [A]	출력 전압 [V]	출력 [W]
0	1800												
20													
40													

60													
80													
100													
120													
140													
160													
180													
200													

⑭ 전원공급기의 전원을 차단하고, 실험 결과를 정리한다.

⑮ 특성 이해를 위하여 위의 ⑭에서의 실험 결과를 그래프로 그린다.

6 검토 문제

① 실험결과에서 분권전동기의 속도특성곡선을 그리시오.

② 직류 분권전동기에서 전기자반작용과 자기포화현상이 속도특성에 미치는 영향을 설명하시오.

③ 직류 분권전동기에서 전기자반작용과 자기포화현상이 토크특성에 미치는 영향을 설명하시오.

④ 직류 분권전동기의 특성을 간단히 요약하고, 이에 적합한 용도를 알아보시오.

⑤ 실험 시 특이사항과 결론을 정리하시오.

실험 05 직류 직권전동기 부하특성

1 실습목적

① 직류직권전동기에서 부하 변동에 따른 특성 변화를 측정 관찰한다.
② 직류직권전동기 내부 구조를 관찰한다.
③ 전기자권선, 직권계자권선, 분권계자권선의 저항을 측정 비교해본다.

2 사용기기 및 재료

기본 공통 사용

①	기본장치함		1대
②	전원장치	3φ 3W AC 220[V], 3[A], DC 120[V] 3[A]	1대
③	회전계	3000[rpm]	1대
④	리드선		1조

직류 전동기 결선용

①	직류 전동기	DC 100[V] 1800[rpm] 400[W]	1대
②	직류기동기	DC 1[A] 8[Ω]	1대
③	전류계	DC 3[A]	2대
④	전압계	DC 150[V]	2대
⑤	계자조정기	500[Ω] 2[A]	1대

직류 발전기 결선용

①	직류 발전기	DC 100[V] 1800[rpm] 400[W]	1대
②	전류계	DC 3[A]	3대
③	전압계	DC 150[V]	2대
④	계자조정기	500[Ω] 2[A]	1대
⑤	램프부하	10[W]×20EA, 200[W]	1대

3 예비지식

직류직권전동기는 구조상 그림 5-1과 같이 계자권선과 전기자권선이 직렬로 연결되어 있다. 따라서 부하전류, 전기자전류, 계자전류의 크기가 같다.

$$I = I_a = I_f\,[\mathrm{A}] \tag{5-1}$$

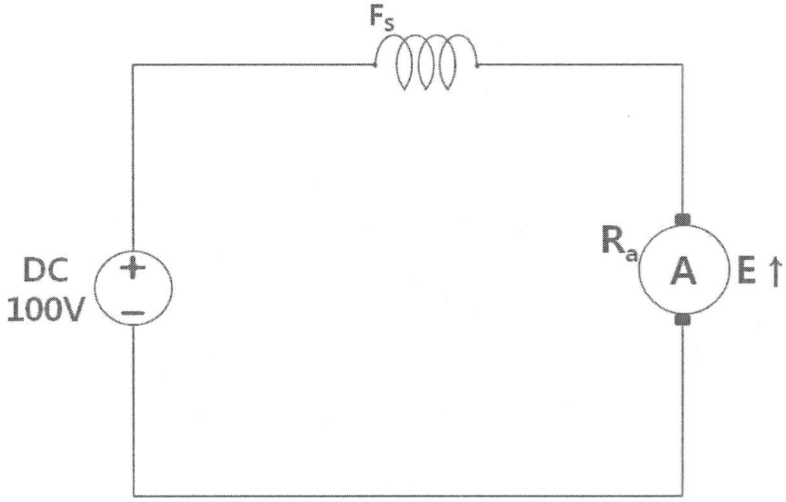

그림 5-1 직류 직권전동기 회로도

(1) 직류직권전동기의 속도특성

정상 운전상태에서 직권전동기의 회전속도 N[rpm] 은 다음 식 (5-2)와 같다.

$$\mathrm{N} = \mathrm{k}\cdot\frac{\mathrm{V} - \mathrm{I_a}(\mathrm{R_a}+\mathrm{R_s})}{\phi}\ [\mathrm{rpm}] \tag{5-2}$$

여기서 전압 V와, $R_a + R_s$(전기자권선저항과 직권계자권선저항의 합)은 일정하다. 그러나 부하가 변하면 식 (5-1)에서 보는 바와 같이 I_a가 변하며, 특히 계자전류 I_f도 변하므로 자속 ϕ도 비례해서 변화한다. ($\phi = k'I_f$)

식 (5-2)의 분자에서 $I_a(R_a + R_s)$는 V 에 비하여 매우 작다. 그리고 자속은 $\phi = k'I_f = k'I$ 이므로 식 (5-2)는 다음 식과 같이 된다.

$$\mathrm{N} \fallingdotseq \mathrm{k}\frac{\mathrm{V}}{\phi} = \mathrm{k}\frac{\mathrm{V}}{\mathrm{k'I}} = \mathrm{k''}\frac{\mathrm{V}}{\mathrm{I}} \tag{5-3}$$

위 식에서 인가전압 V 는 일정하므로 회전속도 N 은 부하전류 I 에 반비례하며 그림 5-2에서와 같이 쌍곡선이 된다. 수식에서 알 수 있듯이 무부하일 때 즉 I = 0 일 때 속도는 그림에서와 같이 N = ∞가 된다. 이 때의 속도를 무구속 속도라 한다. 이와 같은 고속도에서는 회전자가 기계적으로 견딜 수 없어 전동기가 손상되므로, 직류직권전동기는 무부하에서 운전하는 일이 없도록 특히 주의해야 한다.

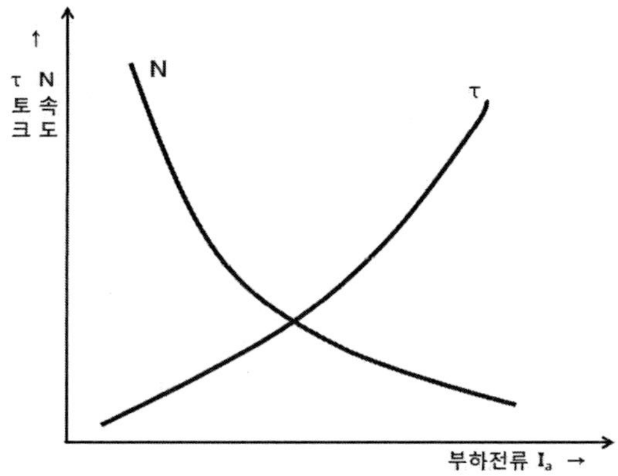

그림 5-2 직류직권전동기 특성

(2) 속도변동율의 계산

직류직권전동기는 속도변동률이 매우 크므로 변속도 전동기라 하기도 한다. 속도변동률 식은 다음과 같다.

$$\text{속도변동률} = \frac{N_o - N_n}{N_n} \times 100\ [\%]$$

단, N_n : 정격속도, N_0 : 무부하속도

(3) 직류직권전동기의 토크(torque)특성

직류 전동기에서 토크는 전기자전류 I_a에 비례하고 자속 ϕ에 비례하므로 다음 식과 같다.

$$T = k\phi I_a [N.m] \qquad (5\text{-}4)$$

여기서 직류직권전동기의 경우 $I = I_a = I_f$ 이며, $\phi = k' I_f$ 이므로 위 식은 다음과 같이 정리된다.

$$T = kk' I_f I_a = k'' I^2 \ [N \cdot m] \qquad (5\text{-}5)$$

위 식에서와 같이 직권전동기의 토크는 부하전류의 제곱에 비례하여 증가하며, 특히 기동 시의 토크가 매우 큰 점이 특징이며 장점이다. 그러므로 직권전동기는 큰 기동토크를 요구하는 부하, 예를 들면 부하가 걸린 상태에서 기동해야 하는 부하특성에 많이 사용된다. 대표적인 사용 예가 전철이다.

(4) 자기포화현상

직권전동기의 경우 전류, 회전속도, 토크, 자속에 관계되는 수식은 이미 설명한 바와 같이 다음과 같다.

$$I = I_a = I_f \ [A] \qquad (5\text{-}6)$$

$$N = k \cdot \frac{V - I_a(R_a + R_s)}{\phi} \ [rpm] \qquad (5\text{-}7)$$

$$T = k\phi I_a \ [N \cdot m] \qquad (5\text{-}8)$$

$$\phi = kI_f \ [wb] \qquad (5\text{-}9)$$

계자전류가 증가하면 비례하여 철심에서 자속도 증가하지만, 그 값이 어느 정도 이상이 되면 철심이 포화되어 계자전류가 증가하여도 자속은 더 이상 증가하지 않는다. 이러한 현상을 자기포화라 한다.

자기포화현상을 수식적으로 표현하면, 계자전류 'I_f가 증가'하여도 '$\phi =$ 일정'이 되는 경우이다.

이 경우 회전속도와 토크 식은 다음과 같이 된다.

$$N = k\frac{V - I_a(R_a + R_s)}{(\phi = \text{일정})} = k'(V - IR_a) \qquad (5\text{-}10)$$

$$T = k\phi I_a = k'I \qquad (5\text{-}11)$$

따라서 부하전류가 증가하여 자속이 포화된 경우에는 회전속도특성과 토크특성은 그림 5-1의 직선 부분과 같이 직선적 변화를 갖게 된다.

4 실험 시 주의사항

① 직류직권전동기는 부하 변화 시 속도가 부하에 반비례하여 변화하는 특성을 가지므로 경부하나 무부하에서는 회전속도가 급격히 상승하여 위험속도에 도달하게 된다.(이를 '무구속 속도' 라 함) 따라서 부부하가 되는 일이 없도록 특히 주의한다.

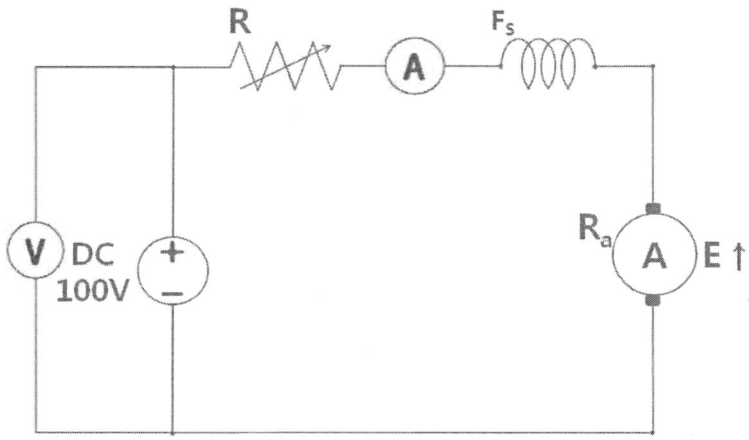

그림 5-3 직류직권전동기 결선도

5 실험실습방법

(1) 직류 직권전동기 결선

① 사용기기 및 재료 목록과 그림 5-1 직류 분권전동기 회로도를 참조하여 실험에 필요한 기기·기구 목록을 작성한다.

물품명	규격	필요 수량	비고

② 과정 ①에서 작성한 목록을 참조하여, 실험이 편리한 위치에 각 기기 · 기구를 설치한다.

그림 5-4 실험대에 직류직권전동기 부하 실험에 필요 기기 장착모습

③ **실험 1 기기 · 기구 사용설명**을 참조하여 기본실험대에 설치된 사용기기의 규격을 확인하고 기기의 이상 유무를 점검한다.

④ 직류전원 공급 장치의 출력이 OFF될 수 있는지 확인하고, 가변 전원 전압은 최소(0[V])로 조정한다.

⑤ 직류 전동기에 장착되어 있는 계자조정기(속도조정기)의 위치는 저항값이 최소 위치에 놓이도록 조정한다.

⑥ 직류 전동기는 사용 전원이 DC이므로 사용되는 계기 및 기기의 극성을 정확히 연결해야 한다. 직류 전동기의 결선도에 전류가 흐르는 방향을 미리 표기하는 것도 바람직하다.

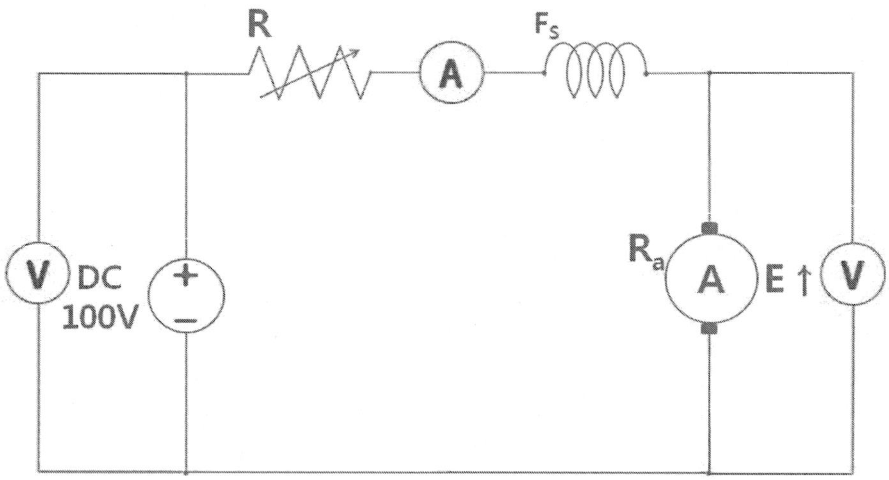

그림 5-5 계측기를 접속한 직류 전동기 회로도

⑦ 그림 5-5는 계기를 모두 표시한 그림이다. 실험에 필요한 최소 계기수를 확인하고 이에 따라 회로도를 수정한다.

⑧ 그림 5-6을 참조하여 기동기를 접속할 수 있도록 회로도를 재수정 한다.

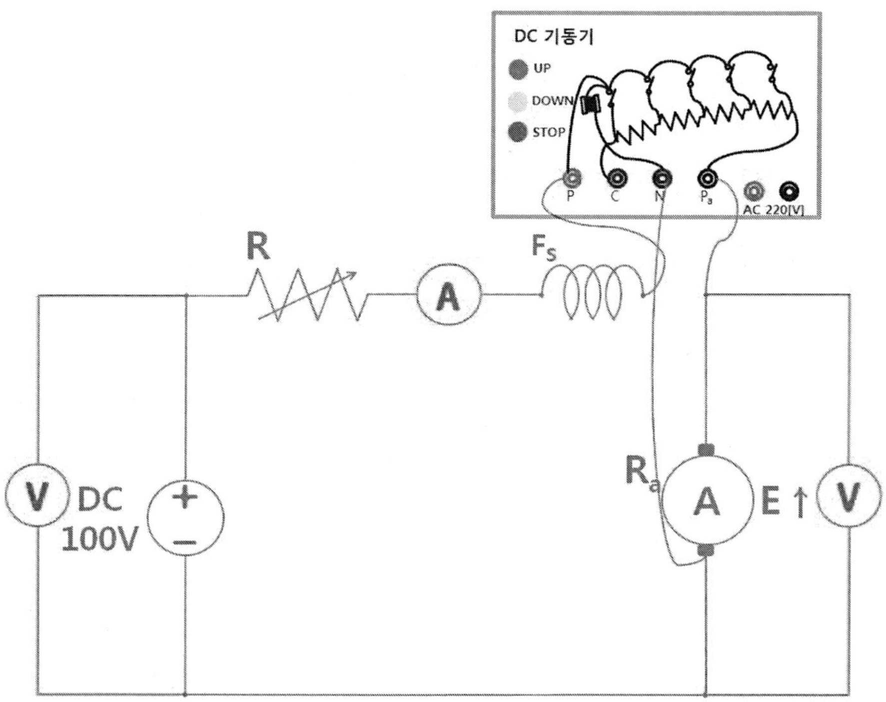

그림 5-6 직류 기동기를 접속한 직류직권전동기 배선도

⑨ 실험에 필요한 직류기동기 및 계기는 별도의 교류전원을 인가해야 동작한다. 전원 공급기의 고정 3상 전원 중 2상의 전원을 계기 및 기동기의 AC 전원 단자로 접속한다.

그림 5-7 계측기 및 직류기동기 전원 연결

⑩ 직류직권전동기에 공급되는 전원은 최종으로 접속한다. 기동기의 Pa단자에서 시작하여 전류계, 직권계자권선 순으로 접속한다. 직권전동기는 분권계자권선을 사용하지 않으므로, 기동기의 C단자에 해당하는 회로는 별도 접속 없이 개방상태로 두고 결선한다.

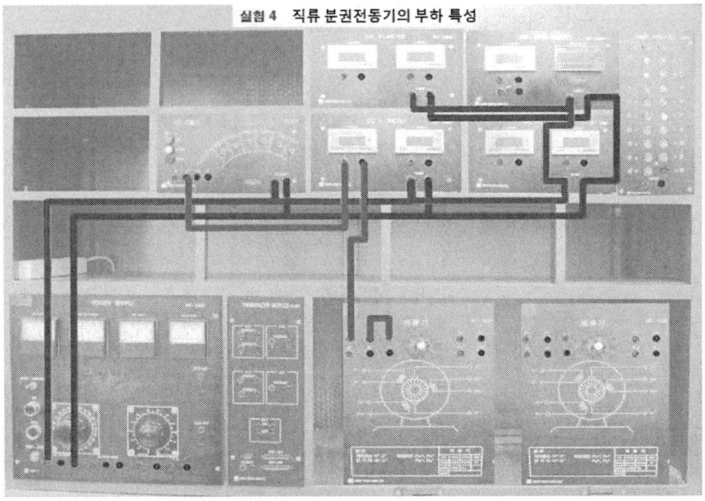

그림 5-8 직류기동기 C단자와 분권전동기 계자권선 결선

⑪ 직권계자권선 (-)단자에서 저항 (+)단자에 접속하고 저항 (-)단자에서 전기자권선 (+)단자에 접속한다.

그림 5-9 저항 Pa단자와 직권계자권선 결선

⑫ 전기자권선 (-)단자에서 전원공급기 (-)단자 접속과 전압계 (-)단자에 접속한다.

그림 5-10 전기자 권선과 전원 -측 결선

⑬ 전압계를 병렬로 접속하면 전동기의 속도제어실험을 위한 전동기 배선이 완성된다.

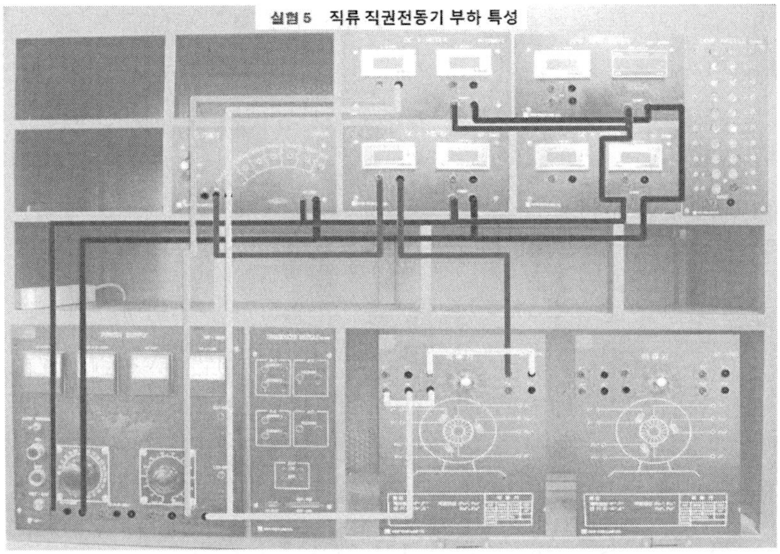

그림 5-11 직류 직권전동기 부하실험에서 전동기회로 실제배선

⑭ 직류직권전동기 부하특성실험을 위해서는 부하용 발전기를 결선한다. 발전기 결선은 [실험 07 직류 발전기 특성]을 참조한다. 직류분권발전기 결선을 아래와 같이 하여 직류직권전동기 부하특성을 실험한다.

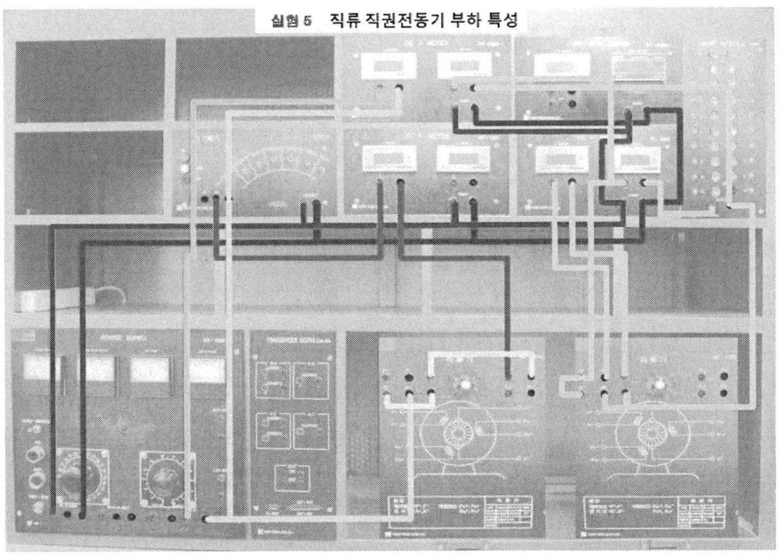

그림 5-12 직류 분권전동기 부하 특성실험을 위한 최종 실제배선

(3) 직류직권전동기 및 분권발전기 부하실험을 위한 기동

① 직류전원공급기의 전원이 OFF 상태인지 확인한다.

② 직류 및 교류 가변전원용 전압조정기가 최소 위치에 놓이도록 조정한다.

③ 계자조정기(속도조정기)의 위치는 분권전동기의 계자조정기 저항은 약 50[Ω]위치에 놓이도록 조정하고, 분권발전기의 계자조정기의 저항은 최대(150[Ω])의 위치로 조정한다.

④ 실험 (1) 과정에서 진행한 직류직권전동기 및 직류분권발전기의 결선이 끝나면 다른 조원이 결선의 이상 유무를 점검한다.

⑤ 실험 시작 전에 실험방법을 공동실험자와 논의하고, 각 담당 범위를 정한다.

⑥ 담당교수에게 회로의 이상 유무를 확인 받는다.

⑤ 전동기와 발전기의 커플링을 견고히 한다.

⑥ 직류공급 장치의 가변 직류전원을 직류 전동기의 정격인 100[V]가 되도록 조정한다.

⑦ 직류직권전동기는 경부하에서 위험 속도에 도달할 수 있으므로 발전기의 부하 램프에 해당하는 스위치를 절반을 동작시켜 경부하가 되지 않도록 조정한다.

⑧ 기동기의 UP 스위치를 동작시켜 기동기의 S_1 스위치의 램프가 동작하는지 확인한다. 이때 RPM 메타, 직류전류계, 직류전압계 등의 지시 값을 확인하고, 전동기 회전 상태가 올바르면 아래 표를 작성한다.

직류 직권전동기			비고
회전속도[rpm]	공급전압[V]	전전류[A]	

⑨ 기동 시 회전속도가 급격히 증가하거나, 회전하지 않는 경우, 전류계 또는 전압계의 지시값에 오류가 있는 경우에는 기동기의 STOP 스위치를 동작시켜 직류 전동기를 정지시킨다. 결선의 이상 유무를 확인한 후 실험 ⑥ 과정부터 다시 진행한다.

⑩ 정상적 기동 후 기동기의 UP스위치를 대략 5초정도 간격으로 S_1에서 S_5까지 단계적으로 조정한다. 최종 S_5에서 회전속도가 정격인 1800[rpm]이 되도록 계자저항을 조정한다. 특히 기동기 동작 시 부하는 감소하므로 속도변화에 주의한다.

⑪ 직류직권전동기가 1800[rpm]으로 회전할 때 이와 커플링을 통하여 접속된 직류분권발전기에서 발생하는 직류전압이 100[V]가 되도록 직류분권발전기 측의 계자저항을 조정한다.

⑫ 직류 발전기의 전압을 상승시키기 위하여 직류 발전기 계자권선의 계자저항을 감소시키면 발전기 전압은 상승하지만 전동기의 부하 분담이 증가하여 회전속도가 감소하게 된다. 직류 전동기의 회전속도가 감소되지 않도록 두개(전동기와 발전기)의 계자저항 값을 병행하여 조정한다.

⑬ 직류분권발전기에서 출력되는 전압이 DC 100[V]이고, 회전수가 1800[rpm]이면 이때 계기에의 측정값을 아래 표에 기입한다.

구분	직류 분권전동기		직류분권발전기			
회전수 [rpm]	입력전압[V]	전기자 전류 I_a[A]	전기자 전류 I_a[A]	계자 전류 I_f[A]	부하 전류 I[A]	출력전압 [V]

⑭ 부하실험을 위해서는 기본 장치함 우측 상단에 설치된 램프부하 10[W], 20개 총 200[W]의 부하를 사용한다. 이를 직류직권전동기와 접속되어 있는 직류분권발전기의 부하로 사용한다. 직류직권전동기는 경부하시 위험 속도에 도달할 수 있으므로, 부하는 처음 100[W]에서 시작하여 10[W]씩 200[W]까지 10번 반복 상승시킨다. 부하가 변할 때마다 계기의 측정값을 아래 표에 기입한다.

램프 부하 [W]	회전수 [rpm]	손실 [W]	효율 [%]	직류 분권전동기			직류 분권발전기				
				입력 전압 [V]	전기자 전류 Ia [A]	입력 [W]	전기자 전류 Ia [A]	계자 전류 If [A]	부하 전류 I [A]	출력 전압 [V]	출력 [W]
100	1800										
110											
120											
130											

140											
150											
160											
170											
180											
190											
200											

⑮ 전원공급기의 전원을 차단하고 실험 내용을 정리한다.

⑯ 앞의 실험 결과를 이용하여 특성을 이해할 수 있도록 그래프를 그린다.

6 검토 문제

① 실험결과에서 직권전동기의 속도특성곡선을 그리시오.

② 직류직권전동기에서 전기자반작용과 자기포화현상이 속도특성에 미치는 영향을 설명하시오.

③ 직류직권전동기에서 전기자반작용과 자기포화현상이 토크특성에 미치는 영향을 설명하시오.

④ 직류직권전동기의 특성을 간단히 설명하고, 적합한 용도를 알아보시오.

⑤ 직류직권전동기를 전 부하 운전 중 갑자기 무부하로 하였을 때 위험한 상태가 되는 이유를 설명하시오.

⑥ 실험 시 특이사항과 결론을 정리하시오.

실험 06 직류 복권전동기 부하특성

1 실습목적

① 직류복권전동기에서 부하특성을 관찰하고 이해한다.

② 직류복권전동기의 구조를 관찰하고 이해한다.

③ DC 분권, 직권, 복권전동기의 특성을 비교 관찰한다.

④ 직권권선과 분권권선의 특징을 이해한다.

2 사용기기 및 재료

기본 공통 사용

①	기본장치함		1대
②	전원장치	3φ 3W AC 220[V], 3[A], DC 120[V] 3[A]	1대
③	회전계	3000[rpm]	1대
④	리드선		1조

직류 전동기 결선용

①	직류 전동기	DC 100[V] 1800[rpm] 400[W]	1대
②	직류기동기	DC 1[A] 8[Ω]	1대
③	전류계	DC 3[A]	3대
④	전압계	DC 150[V]	2대
⑤	계자조정기	500[Ω] 2[A]	1대

직류 발전기 결선용

①	직류 발전기	DC 100[V] 1800[rpm] 400[W]	1대
②	전류계	DC 3[A]	3대
③	전압계	DC 150[V]	2대
④	계자조정기	500[Ω] 2[A]	1대
⑤	램프부하	10[W]×20EA, 200[W]	1대

3 예비지식

직류복권전동기의 계자권선은 직권계자권선과 분권계자권선이 있으며 이 두 권선의 접속방법에 따라 가동복권(加動復卷)과 차동복권(差動復卷)으로 구분된다.

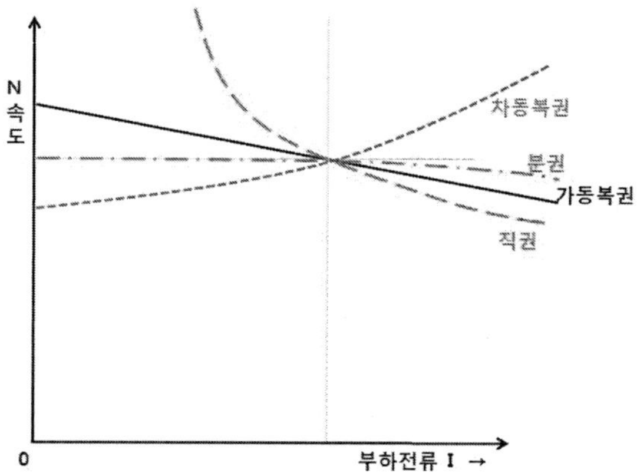

그림 6-1 DC전동기 속도특성

가동복권전동기는 분권계자권선에서 발생되는 분권자속(ϕ_f)과 직권계자권선에서 발생되는 직권자속(ϕ_s)이 서로 더해지는 방향으로 접속된 경우이다. 따라서 이 경우 전체 계자 자속(ϕ_t)은 두 자속이 더해지는 값이다. 즉 다음 식과 같다.

$$\phi_t = \phi_f + \phi_s \text{ [Wb]} \tag{6-1}$$

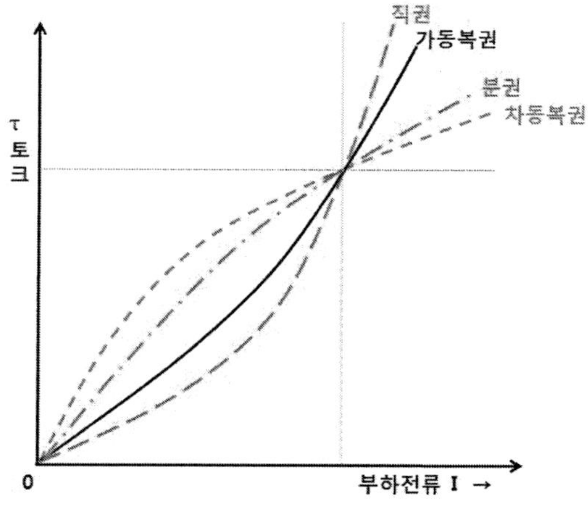

그림 6-2 직류 전동기 토크 특성

이 가동복권전동기의 특성은 분권전동기와 직권전동기와의 중간특성이 되며 분권계자권선과 직권계자권선의 기자력의 비율에 따라 분권에 가까운 특성 또는 직권에 가까운 특성이 된다. 가동복권전동기에는 분권계자권선이 있기 때문에 부하를 걸고 있지 않더라도 계자자속의 일부는 존재하고 있어 직권전동기와 같이 무구속 속도에 도달하지는 않는다. 자계의 자속이 부하전류에 의하여 조금씩 증가되므로 부하에 따라서 속도가 변화하며, 분권전동기에 비하여 과부하에서도 견딜 수가 있다. 또 직권계자 권선도 있어서 기동토오크도 상당히 크다.

차동복권전동기는 분권계자권선에서 발생되는 분권자속(ϕ_f)과 직권계자권선에서 발생되는 직권자속(ϕ_s)이 서로 반대 방향이 되도록 접속된 경우이다. 따라서 이 경우 전체 계자 자속(ϕ_t)은 두 자속의 차이 값이다. 즉 다음과 같다.

$$\phi_t = \phi_f - \phi_s \text{ [Wb]} \tag{6-2}$$

차동복권전동기는 부하전류가 증가함에 따라 계자자속은 감소되어 내부저항강하에 의한 속도강하를 보상해 준다. 그러나 과부하시에는 속도가 상승할 염려가 있으며, 기동시에는 분권계자권선의 인덕턴스 때문에 전류의 증가가 늦어지고 오히려 차동적으로 작용하는 직권계자권선에는 많은 전류가 흐르므로 인해서 기동회전력이 극히 적을 뿐만 아니라 때로는 역전할 염려가 있으므로 일반적으로 복권전동기는 가동복권전동기를 사용한다.

복권전동기의 특성곡선은 그림 6-1, 그림 6-2와 같다.

전동기의 부하로는 직류 발전기를 사용하며 직류 발전기에 연결된 부하를 변화시켜 부하변동에 따르는 전동기의 특성 변화를 측정, 관찰한다.

4 실험 시 주의사항

① 실험 시 시작부터 끝까지의 실험을 중단하지 말고 연속적으로 실험할 것.

② 실험 도중 중단되는 경우, 그동안의 측정값들은 무시하고 처음부터 다시 기동하여 측정할 것.

5 실험실습방법

(1) 권선의 저항 측정

① DC 복권전동기와 복권발전기의 권선저항을 측정하여 아래 표를 작성한다.

구분	전기자권선 저항	분권계자권선 저항	직권계자권선 저항
직류 전동기			
직류 발전기			

(2) 직류복권전동기의 부하실험을 위한 결선

① 그림 6-3, 그림6-4의 회로도를 참조하여 실험에 필요한 기기 · 기구 목록을 작성한다. 직류복권전동기는 내분권복권전동기와 외분권복권전동기가 있으며 회로도는 그림과 같다.

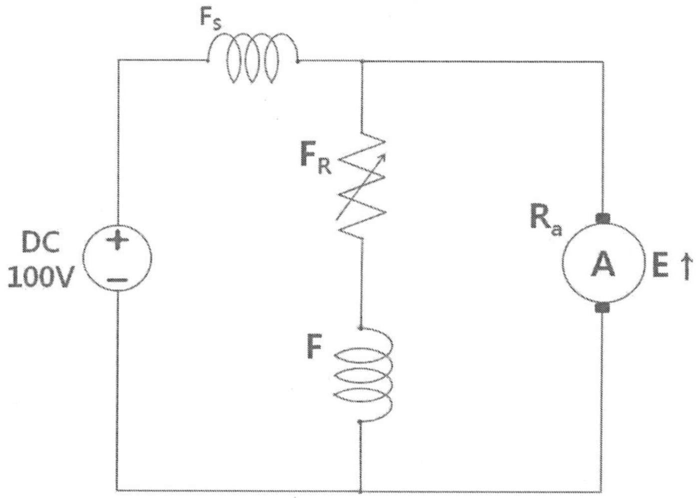

그림 6-3 직류복권전동기(내분권)

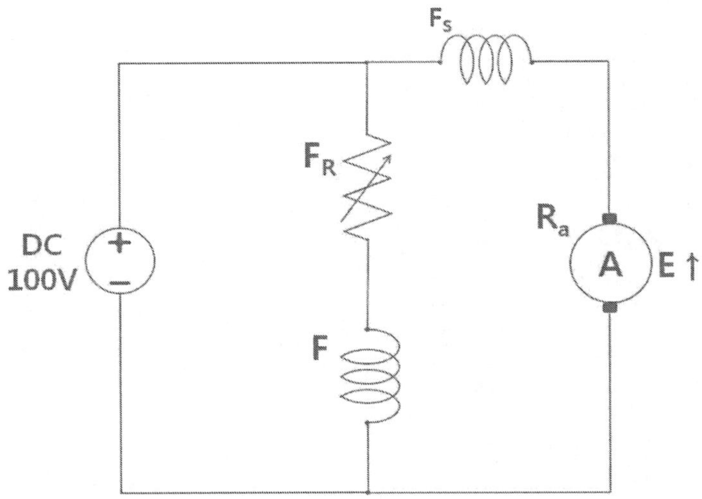

그림 6-4 직류복권전동기 (외분권)

물품명	규격	필요 수량	비고

② 과정 ①에서 작성한 목록을 참조하여, 실험이 편리한 위치에 각 기기 · 기구를 설치한다.

그림 6-5 실험대에 직류직권전동기 부하 실험에 필요 기기 장착모습

③ **실험 1. 기기 · 기구 사용설명**을 참조하여 기본실험대에 설치된 사용기기의 규격을 확인하고 기기의 이상 유무를 점검한다.

④ 직류전원 공급 장치의 출력이 OFF될 수 있는지 확인하고, 가변 전원 전압은 최소 (0[V])로 조정한다.

⑤ 직류 전동기에 장착되어 있는 계자조정기(속도조정기)의 위치는 저항 값이 최소 위치에 놓이도록 조정한다.

⑥ 직류 전동기는 사용 전원이 DC이므로 사용되는 계기 및 기기의 극성을 정확히 연결해야 한다. 직류 전동기의 결선도에 전류가 흐르는 방향을 미리 표기하는 것도 바람직하다.

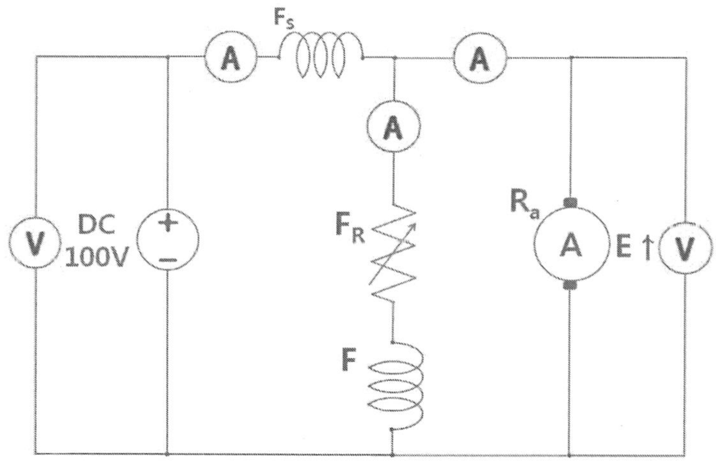

그림 6-6 계기를 모두 접속한 직류복권전동기 회로도

⑦ 그림 6-6은 회로도이다. 실험에 필요한 최소 계기수를 확인하고 회로도를 수정한다.

⑧ 그림 6-7을 바탕으로 본인이 그린 그림에 대하여 결선할 수 있도록 재정리한다.

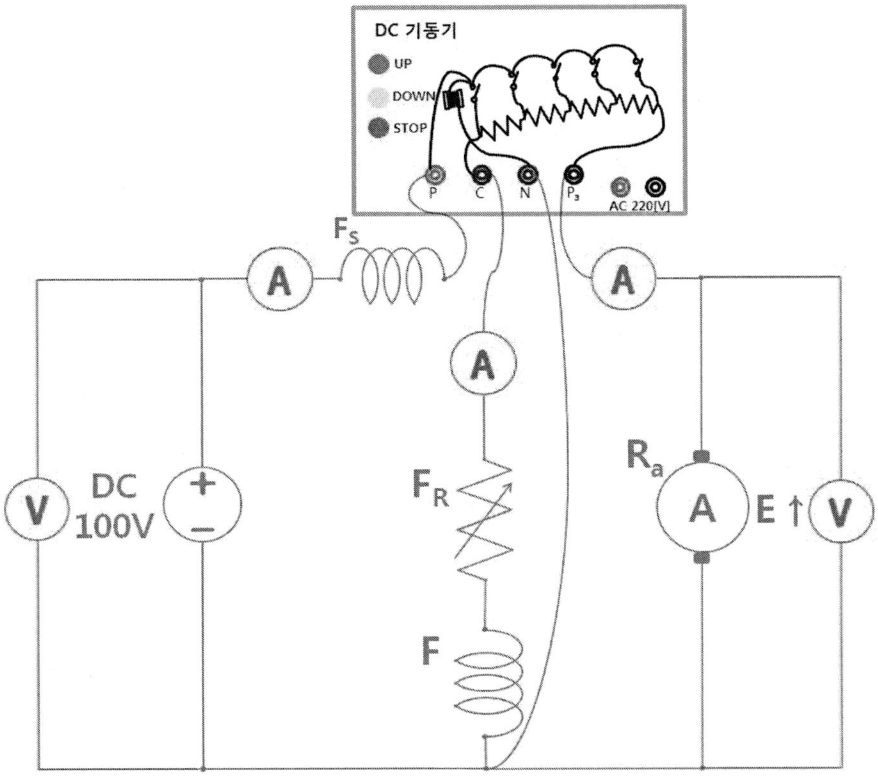

그림 6-7 직류 기동기를 접속한 직류복권 전동기 배선도

⑨ 기동기 및 계기는 별도의 교류전원이 필요하다. 전원공급기의 고정 3상 전원 중 2 상의 전원을 계기 및 기동기의 AC 전원 단자와 접속한다.

그림 6-8 계측기 및 직류기동기 전원 연결

⑩ 직류복권전동기 회로에 전원은 최종으로 접속하는 것이 좋다. 직류전원공급기의 (+) 단자 접속은 후에 접속할 수 있도록 하고, 직원계자권선의 (-)단자에서 직류기동기 P단자로 접속한다.

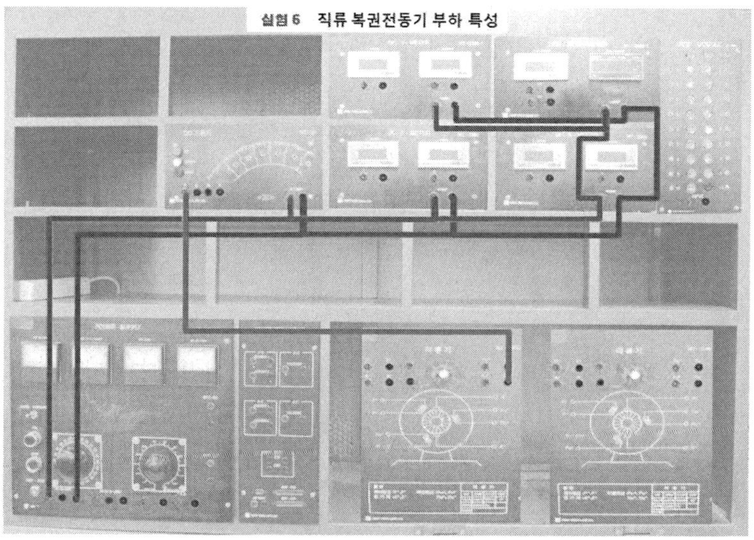

그림 6-9 직류기동기 P단자와 직권계자권선 결선

⑪ 직류기동기 C단자에서 시작하여 직류전류계, 계자권선, 계자저항 순으로 접속한다.

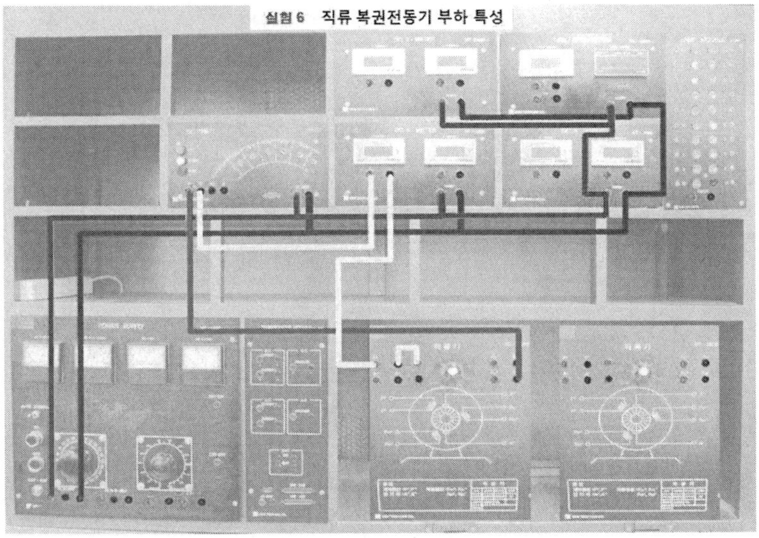

그림 6-10 직류기동기 C단자와 계자권선 결선

⑫ 직류기동기 Pa단자에서 시작하여 직류전류계, 전기자권선 순으로 연결한다.

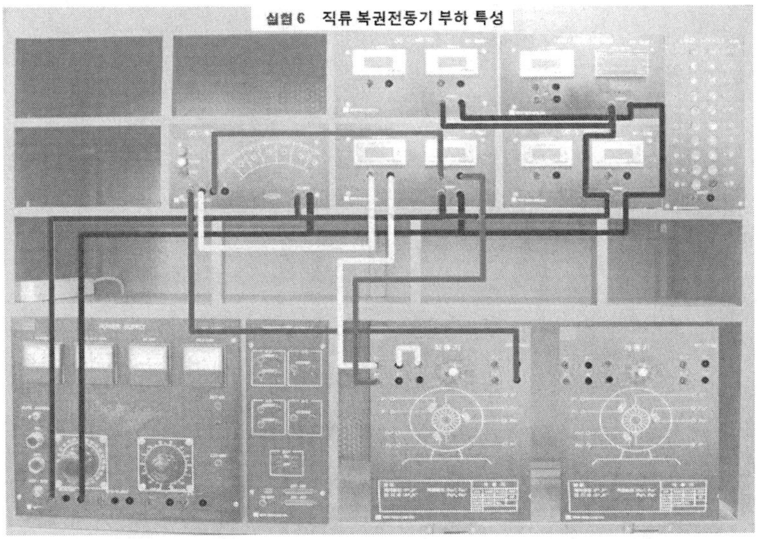

그림 6-11 저항 Pa단자와 직권계자권선 결선

⑬ 그림 6-11의 결선도는 직류전원공급기에서 공급되는 전원을 제외하고 접속이 완료된 상태로 마지막으로 전원과 직류전압계를 접속하면 완료된다. 직류전원공급기의 (+)단자에서 직류복권전동기 직권계자권선 (+)단자로 결선하고 직류전압계를 접속한다.

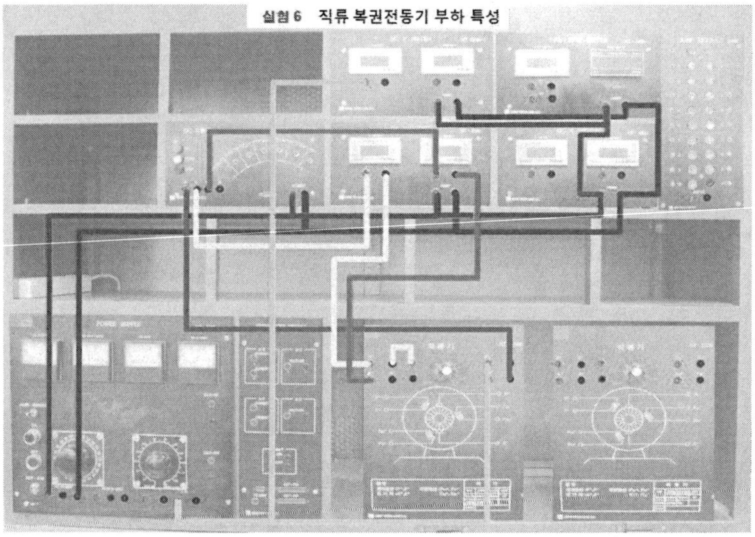

그림 6-12 전원공급기의 +단자에서 직권계자 결선

⑭ 최종으로 전원공급기 (-)단자에서 전기자권선 및 계자권선에서 결선하지 않았던 부분을 완료하면 된다. 직류전원공급기의 (-)단자에서 직류복권전동기 전기자권선 (-)단자로 결선하고, 직류복권전동기 전기자권선 (-)단자에서 직류복권전동기 분권계자권선의 계자권선저항 (-)단자와 결선한다.

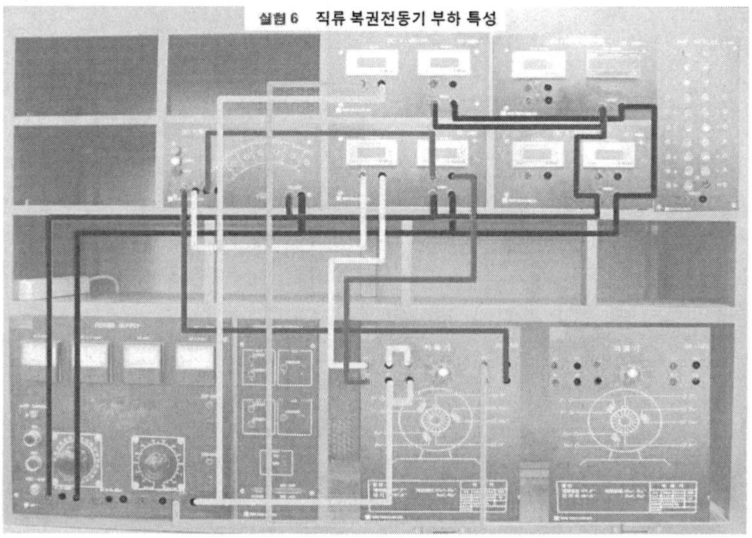

그림 6-13 직류복권전동기 최종 결선

⑮ 전동기 운전 중 회전속도를 확인하기 위하여 회전계의 RS-232 포트에 센서 단자를 접속한다. 센서는 전동기 우측 측면의 회전자부분이 체크되도록 접속한다. 이때 전원공급기의 가변전압을 최소로 하고 전원을 투입한 후 직류복권전동기의 회전자를 손으로 돌려 회전수가 회전계에 나타나는지 확인한다. 회전계의 회전속도가 확인되면 직류전원공급기의 전원을 차단하고 직류복권전동기의 부하실험을 진행하기 위하여 발전기를 결선한다.

⑯ 부하용 발전기 결선은 [실험 07의 직류 발전기 특성]을 참조하여 직류분권발전기로 결선한다.

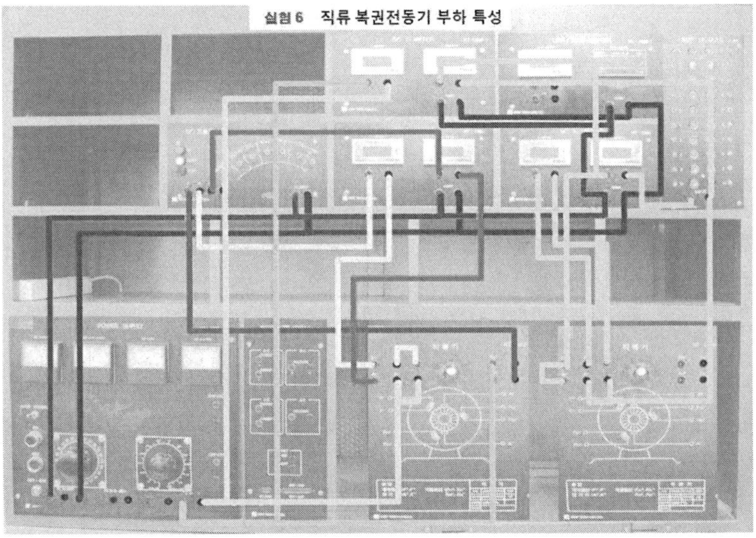

그림 6-14 직류복권전동기 부하실험 최종 배선

(3) 직류복권전동기 부하실험을 위한 기동

① 직류전원공급기의 전원이 OFF인지 확인한다.

② 직류전원공급기의 직류 및 교류 가변전원용 전압조정기 위치를 최소로 조정한다.

③ 직류복권전동기의 계자조정기(속도조정기)의 계자저항은 최소(0[Ω]) 위치로 조정하고, 분권발전기의 계자조정기의 저항은 최대(150[Ω])로 조정한다.

④ 결선에 대하여 다른 조원이 이상 유무를 점검한다.

⑤ 전원 투입 전에 실험진행 방법에 대하여 공동 실험자와 협의하고 각각의 담당을 점검한다.

⑥ 담당교수에게 회로의 이상 유무를 확인 받는다.

⑦ M-G 커플링은 견고히 하여 운전 중 탈착되지 않도록 한다.

⑧ 가변직류전원을 DC 전동기의 정격인 100[V]가 되도록 조정한다.

⑨ 기동기의 UP 스위치를 동작시켜 기동기의 S_1 스위치의 램프가 동작하는지 확인한다. 이때 RPM 메타, 전류계, 전압계 등의 지시 값을 확인하여 전동기가 적정 상태로 운전 되는가 확인하고 아래 표를 작성한다.

직류 복권전동기					비고
회전속도 [rpm]	공급전압[V]	전전류[A]	전기자전류 [A]	계자전류[A]	

⑩ 기동기의 기동 시 회전속도가 급격히 증가하거나 회전하지 않는 경우, 또 계기의 지시값에 이상이 있으면, 기동기의 STOP 스위치를 동작시켜 전동기를 정지시킨다. 이상 유무를 확인한 후 실험 ⑥ 과정부터 다시 진행한다.

⑪ 전동기가 정상적으로 운전되면 기동기의 UP 스위치를 S_1에서 S_5까지 단계별로 대략 5초 정도의 간격으로 상승시킨다. 최종 S_5에서 전동기 속도는 정격인 1800[rpm]이 되어야 한다. 속도가 다르면 계자저항을 가감하여 정격이 되도록 조정한다.

⑫ 전동기가 정격(1800[rpm])으로 회전할 때 커플링으로 연결된 직류분권발전기에서 DC 전압이 100[V]가 발생되도록 직류분권발전기의 계자저항을 조정한다.

⑬ 발전기 전압을 상승시키기 위하여 계자권선의 저항을 감소시키면 발전기의 전압은 상승하지만, 전동기의 부하 분담이 증가하여 회전속도가 감소하므로 전동기 계자저항을 조정하여 정격속도를 유지한다.

⑭ 직류분권발전기의 출력 전압이 DC 100[V]이고 회전수가 1800[rpm]이면 이때 측정값들을 아래 표에 기입한다.

구분	직류 복권전동기				직류 분권발전기			
회전수 [rpm]	입력 전압[V]	전기자 전류 I_a[A]	계자 전류 I_f[A]	부하 전류 I[A]	전기자 전류 I_a[A]	계자 전류 I_f[A]	부하 전류 I[A]	출력 전압[V]

⑬ 부하실험을 위한 부하는 10[W] 램프 20개, 총 200[W]이다. 부하를 20[W] 씩 증가시키면서 전동기와 발전기의 측정값을 아래 표에 기입한다.

				직류 복권전동기					직류 분권발전기				
램프 부하 [W]	회전수 [rpm]	손실 [W]	효율 [%]	입력 전압 [V]	전기자 전류 I_a [A]	계자 전류 I_f [A]	부하 전류 I [A]	입력 [W]	전기자 전류 I_a [A]	계자 전류 I_f [A]	부하 전류 I [A]	출력 전압 [V]	출력 [W]
0	1800												
20													
40													
60													
80													
100													
120													
140													
160													
180													
200													

⑭ 전원공급기의 전원을 차단하고 실험 내용을 정리한다.

⑮ 앞의 실험 결과를 이용하여 특성을 이해할 수 있도록 그래프를 그린다.

6 검토 문제

① 실험결과에서 복권전동기의 속도특성곡선을 그리시오.

② DC 복권전동기에서 전기자반작용과 자기포화현상이 속도특성에 미치는 영향을 설명하시오.

③ DC 복권전동기에서 전기자반작용과 자기포화현상이 토크특성에 미치는 영향을 설명하시오.

④ DC 복권전동기의 특성을 간단히 요약하고, 이에 적합한 용도를 알아보시오.

⑤ 실험 시 특이사항과 결론을 정리하시오.

실험 07 직류 발전기 특성

1 실습목적

(1) 직류 분권발전기와 가동복권발전기에서 다음 특성을 관찰, 이해한다.

① 무부하특성 : [I_f : E]

② 부하특성 : [I_f : V (I = const)]

③ 외부특성 : [I : V (I_f = const)]

(2) 직류 발전기 권선의 저항을 측정해보고 구조를 이해한다.

2 사용기기 및 재료

기본 공통 사용

①	기본장치함		1대
②	전원장치	3φ 3W AC 220[V], 3[A], DC 120[V] 3[A]	1대
③	회전계	3000[rpm]	1대
④	리드선		1조

직류 발전기 결선용

①	직류 발전기	DC 100[V] 1800[rpm] 400[W]	1대
②	전류계	DC 3[A]	3대
③	전압계	DC 150[V]	2대
④	계자조정기	500[Ω] 2[A]	1대
⑤	램프부하	10[W]×20EA, 200[W]	1대

직류 전동기 결선용

①	직류 전동기	DC 100[V] 1800[rpm] 400[W]	1대
②	직류기동기	DC 1[A] 8[Ω]	1대
③	전류계	DC 3[A]	3대
④	전압계	DC 150[V]	2대
⑤	계자조정기	500[Ω] 2[A]	1대

3 예비지식

직류 발전기에는 계자권선에 별도의 직류 전원을 공급하여 전기자권선에서 유기기전력을 발생시키는 타여자발전기가 있고, 전기자에서 발생되는 유기기전력으로 계자권선에 전류를 흘려주는 자여자발전기가 있다. 직류타여자발전기의 사용 예는 대형 동기발전기의 여자 전원용 등이 있으나 일반적으로 거의 사용되지 않는다. 자여자발전기는 다시 전기자권선과 계자권선의 접속 방법에 따라 분권, 직권, 복권발전기로 구분된다. 복권발전기에는 가동복권발전기(加動復卷發電機)와 차동복권발전기(差動復卷發電機)가 있다.

이 실험에서는 분권발전기와 가동복권발전기에 대하여 그 특성을 실험하고 이해하도록 한다.

(1) 직류분권발전기 특성

직류분권발전기는 전기자권선과 계자권선이 병렬로 접속된 경우로서 그림 7-1 회로도이며 주요 특성은 다음과 같다.

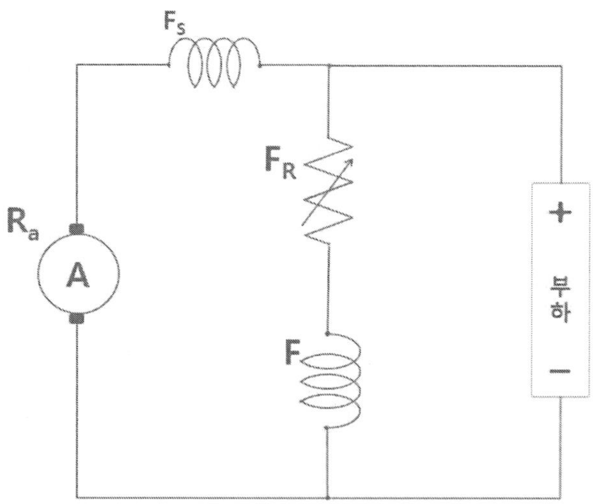

그림 7-1 직류분권발전기 회로도

① 무부하특성곡선(무부하포화곡선) : [I_f : E]

직류 발전기의 유기기전력은 다음 식으로 표시된다.

$$E = P\phi \times \frac{N}{60} \times \frac{N_c}{a} \ [V] \qquad (7\text{-}1)$$

P : 극수(일정)

ϕ : 매극의 유효자속수 [Wb]

N : 매분당의 회전수[rpm]

N_c : 전기자도체의 총수(일정)

a : 전기자권선의 병렬회로수(일정)

따라서 유기기전력은 다음과 같이 나타낼 수 있다.

$$\frac{P}{a} \cdot \frac{N_c}{60} = k : 상수 \tag{7-2}$$

$$E = k\phi N\ [V] \tag{7-3}$$

위 식에서 회전속도가 일정할 경우 유기기전력 E는 자속 ϕ에 비례한다. 자속 ϕ는 계자전류 I_f에 거의 비례하나 완전히 직선적으로 비례하지는 않으며, 그림 7-2의 자기포화곡선에 따라 증가한다. 따라서 유기기전력 E도 I_f가 증가함에 따라 이 자기포화곡선에 따라 증가한다. 그림 7-1 에서와 같은 분권발전기 회로에서 전기자가 회전하면 철심에 남아있는 잔류자기에 의해 발전이 시작되어 전압확립이 이루어진다. 이때 계자저항의 크기에 따라 그림 7-2 에서와 같이 유기기전력이 발생된다. 따라서 여자전류(I_f)와 유기기전력(E)과의 관계는 그 발전기 자기회로의 자화곡선 혹은 자기포화곡선과 유사한 곡선을 나타내게 된다. 이 I_f-E 특성곡선을 무부하포화곡선 또는 무부하특성곡선이라 한다.

실제로 직류 발전기 사용 시에 여자전류를 가감하여 전압을 조정한다. 이 경우에 계자저항을 결정하는 데는 이 특성곡선을 필요로 한다.

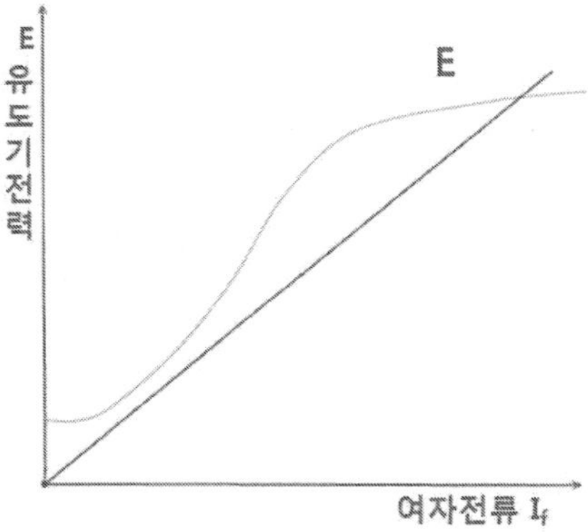

그림 7-2 직류분권발전기 무부하포화곡선

② 부하특성곡선 : [I_f : V (I = const)]

직류 발전기를 일정속도, 일정부하(부하전류 I=일정)로 운전하고 있는 상태에서 계자전류의 변화에 따른 단자전압 특성을 부하특성이라 한다.

그림 7-1의 직류분권발전기 회로에서 단자전압 V는 다음식과 같다.

$$V = E - I_a R_a \, [V] \quad (7\text{-}4)$$

여기서 계자전류 I_f는 부하전류 I 에 비해 매우 작으므로 전기자전류 I_a는 부하전류 I 와 거의 같다.

$$I_a = I + I_f \fallingdotseq I \, [A] \quad (7\text{-}5)$$

따라서 단자전압 V는 계자전류 I_f가 변하여도 거의 영향을 받지 않으며 유기기전력 E와 거의 같은 특성을 갖는다. 즉 부하전류가 일정한 상태에서 전압 V는 유기기전력 E와 같은 모양의 특성을 갖는다. 그림 7-3에서 보는 바와 같이 부하특성은 무부하특성과 거의 같은 모양이나 유기기전력 E보다 전기자권선에서의 전압강하 I_aR_a 만큼 낮은 값을 갖는다.

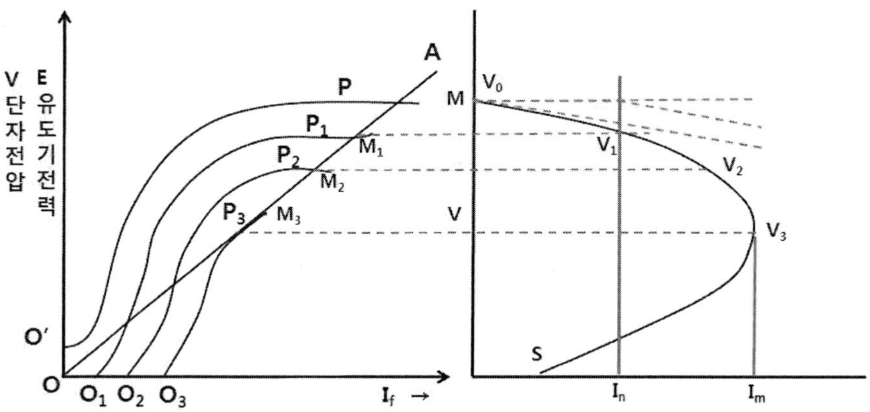

그림 7-3 직류분권발전기 부하특성곡선

③ 외부특성곡선 : [I : V (I_f = const)]

직류 발전기에서 계자전류와 회전속도를 일정하게 유지한 상태에서, 부하변화에 따른 단자전압 변화 특성이 외부특성이다. 계자전류와 회전속도가 일정하면 유기기전력

E 는 일정하다. 그러므로 식 7-3에서 알 수 있듯이 전압 V 는 부하전류($I \fallingdotseq I_a$)가 증가함에 따라 전압강하 I_aR_a 만큼 전압이 감소하나 그 크기는 매우 작다. 분권발전기의 외부특성곡선이 그림 7-3이다.

실제적으로는 부하가 증가하면 전기자반작용의 영향이 증가한다. 이는 자속 ϕ를 감소시키므로 유기기전력 E 가 감소된다. 또 부하가 증가하면 원동기의 속도가 감소된다. 이 역시 유기기전력 E 를 감소시키는 요인이 된다. 따라서 그림 7-3에서 보는 바와 같이 부하가 증가하면 전압은 I_aR_a 보다 더 많이 감소된다.

(2) 전압변동률

발전기가 정격으로 운전되고 있을 때 전압변동률 ϵ은 다음 식으로 구할 수 있다.

$$\epsilon = \frac{V_0 - V_n}{V_n} \times 100 \ [\%] \qquad (7\text{-}6)$$

$V_0[V]$: 무부하전압, $V_n[V]$: 정격전압

(3) 직류직권발전기 특성

직류직권발전기는 전기자권선과 계자권선이 직렬로 연결된 경우로서 회로도는 그림 7-4 (a) 에서와 같으며, 부하, 전기자, 계자가 직렬 연결되어 있으므로 전류가 모두 같다.

$$I = I_a = I_f [A] \qquad (7\text{-}7)$$

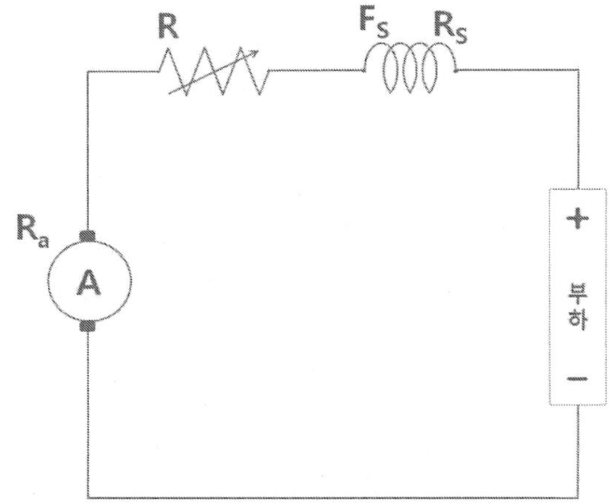

그림 7-4 직류직권발전기 회로도

따라서 무부하 시에는 계자전류가 '0'이므로 발전이 될 수 없어 무부하 특성은 없다.

직권발전기에 부하를 연결하면 잔류자기에 의해 발전이 시작되어 계자전류가 흘러 계자자속이 발생되고, 이에 다시 유기기전력이 증가하여 단자전압이 높아진다. 부하가 증가함에 따라 그림 7-5 에서와 같은 외부특성이 나타난다. 아래 두 수식에서 알 수 있듯이 부하가 증가하면 유기기전력 E 는 증가한다. 그러나 큰 부하에서는 자기포화현상에 의해 유기기전력 증가는 포화되고 전기자반작용에 의한 전압강하, 브러시에서의 전압강하 등이 증가하여 그림 7-5에서와 같이 오히려 전압이 감소한다.

$$E = k\phi N \tag{7-8}$$

$$\phi = k' I_f \tag{7-9}$$

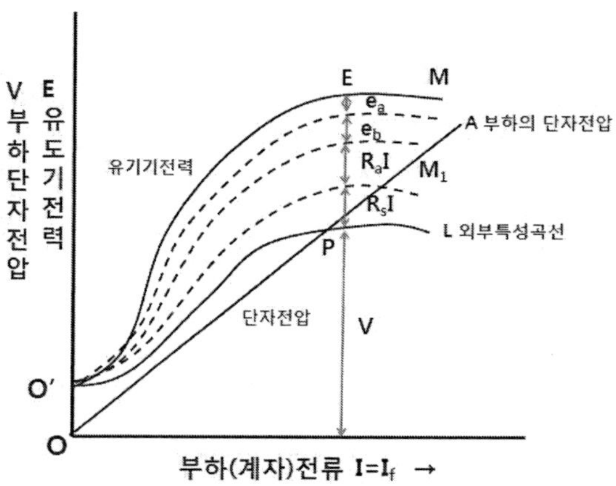

그림 7-5 직류직권발전기 외부특성곡선

(4) 직류복권발전기 특성

구조적으로 복권발전기는 분권계자권선과 직권계자권선을 모두 가지고 있다. 부하가 증가하면 분권발전기는 전압 강하특성을 가지고 직권발전기는 전압 상승특성을 가진다. 이들을 결합한 것이 복권발전기이다.

복권발전기는 가동(加動)과 차동(差動)으로 나누어지며 가동복권발전기는 직권계자가 분권계자의 자속을 증가시킬 때이고 평복권(平復卷), 과복권(過復卷), 부족복권(不足復卷)으로 다시 구분된다.

차동복권발전기는 가동복권발전기와 반대로 직권계자가 분권계자의 자속을 감소시킬 때이다. 또 복권발전기는 분권계자와 직권계자간의 접속방법에 따라 그림 7-6의 내분권과 그림 7-7의 외분권으로 구분된다. 대체로 내분권이 많이 쓰인다.

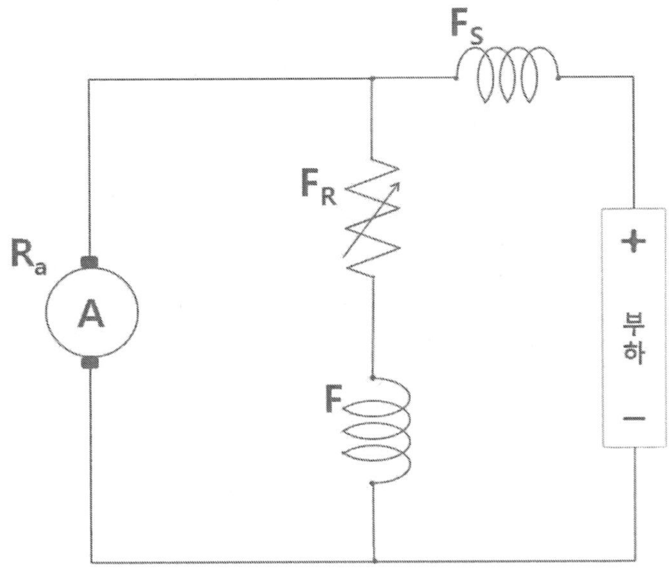

그림 7-6 내분권 직류복권발전기

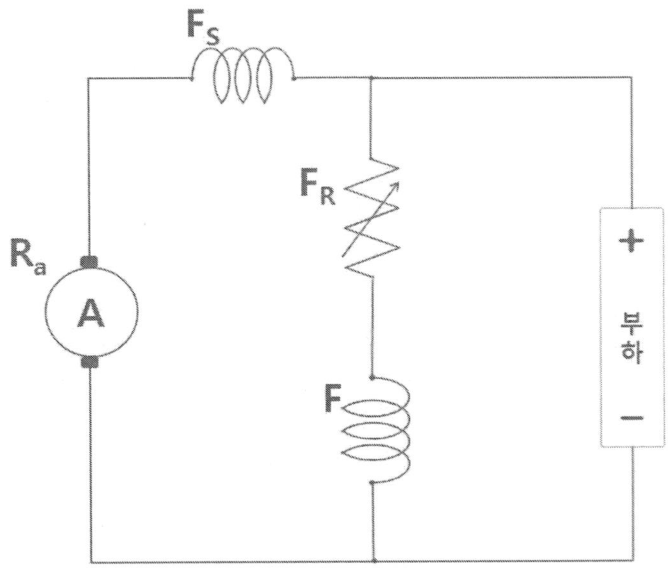

그림 7-7 외분권 직류복권발전기

① 무부하특성

내분권 직류복권발전기의 회로도는 그림 7-6와 같다. 그림에서 알 수 있듯이 무부하의 경우에 직권권선에는 전류가 흐르지 않으므로 복권발전기의 무부하특성곡선은 분권발전기와 같다.

② 외부특성

그림 7-7의 회로에서 가동복권발전기의 단자전압 V 와 유기기전력 E 는 다음과 같다.

$$V = E - I_a(R_a + R_s)\ [A] \tag{7-10}$$

$$E = k\phi N\ [A] \tag{7-11}$$

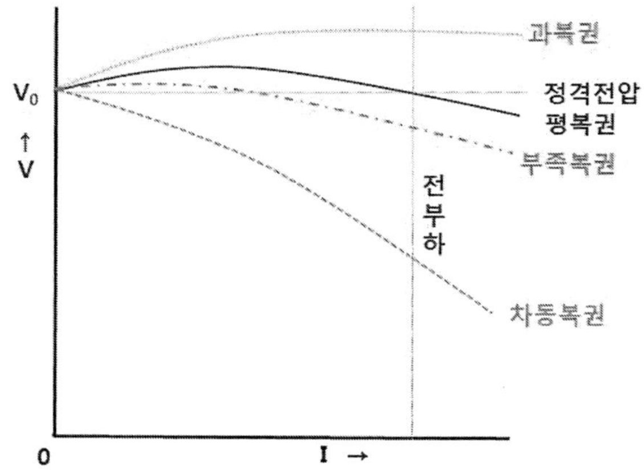

그림 7-8 복권발전기의 외부 특성 곡선

위에서 알 수 있듯이 부하가 증가하면 $R_a + R_s$(전기자저항+직권계자저항)에 의한 전압강하가 나타난다. 여기서 분권계자저항은 상대적으로 무시해도 좋다. 그러나 부하가 증가하면 직권계자권선의 전류가 증가하여 자속 ϕ를 증가시켜 유기기전력이 증가된다. 여기서 직권계자권선의 기자력이 상대적으로 큰 경우에는 전압강하보다 유기기전력 상승이 오히려 더 커져 그림 7-8에서의 과복권 외부특성을 갖는다. 평복권은 정격상태에서 전압강하와 유기기전력 상승이 같은 경우이고 부족복권은 전압강하가 유기기전력 상승보다 더 큰 경우이다.

4 실험 시 주의사항

① 전동기 및 발전기는 입력과 부하 출력을 급격히 변화시키지 말 것.(실험 시에 부하가 커지면 정류자편과 브러시 사이에 아크가 발생될 수 있다.)

② 직류기는 극성을 정확히 결선하여야 한다. 결선을 잘못하면 회전방향이 반대로 되거나, 유기기전력 방향이 반대가 될 수 있다.

③ 직류 전동기의 계자저항은 최소위치에서, 직류 발전기의 계자저항은 최대위치에서 실험을 시작한다.

5 실험실습방법

(1) 권선의 저항 측정

① DC 전동기와 발전기의 권선저항을 측정하여 아래 표를 작성한다. 전기자권선의 저항을 측정할 때 브러시와 정류자 편과의 접촉 때문에 측정이 어려울 수 있다. 이 경우 회전자를 서서히 돌리면서 전기자 권선의 저항을 측정한다.

구분	전기자권선	분권계자권선	직권계자권선	단위
직류 전동기				[Ω]
직류 발전기				[Ω]

(2) 직류 전동기 결선

① 직류복권전동기를 원동기로 사용하는 방법을 설명한다.

② 사용기기 및 재료 목록은 그림 7-9 직류복권발전기 회로도 및 직류복권전동기에 필요한 재료는 [실험 06 직류복권전동기의 부하실험]을 참조하여 실험에 필요한 기기 · 기구 목록을 작성한다.

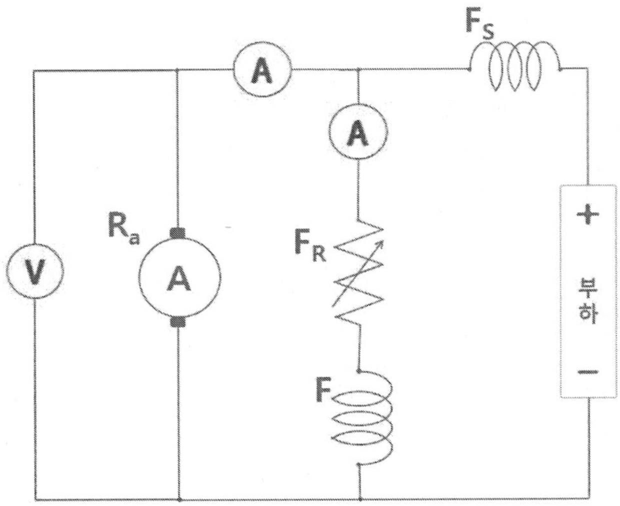

그림 7-9 직류복권발전기 계측기 추가 회로도

기기 · 기구 명	규격	필요 수량	비고

③ 과정 ①에서 작성한 목록을 참조하여, 실험이 편리한 위치에 각 기기 · 기구를 설치한다.

그림 7-10 기본실험대에 직류 발전기특성 실험에 필요 기기 장착

④ **실험 1 기기 · 기구 사용설명**을 참조하여 기본실험대에 설치된 사용기기의 규격을 확인하고 기기의 이상 유무를 점검한다.

⑤ 직류전원 공급 장치의 출력이 OFF될 수 있는지 확인하고, 가변 전원 전압은 최소 (0[V])로 조정한다.

⑥ 직류 전동기의 계자조정기(속도조정기)는 저항값을 최소로 조정한다.

⑦ 직류기는 사용 전원이 DC 이므로 사용되는 계기 및 기기의 극성을 정확히 연결해야 한다. 직류 전동기의 결선도에 전류가 흐르는 방향을 미리 표기하는 것도 바람직하다.

⑧ 실험에 필요한 DC 기동기 및 계기는 별도의 교류전원을 인가해야 동작한다. 전원공급기의 고정 3상 전원 중 2상의 전원을 계기 및 기동기의 AC전원 단자로 접속한다.

그림 7-11 직류 발전기실험에 사용될 계측기 및 직류기동기 전원접속

⑨ [실험 06 직류복권전동기의 부하실험]을 참조하여 직류 전동기를 그림 7-12와 같이 결선한다.

그림 7-12 직류복권전동기 최종 결선

⑩ 직류 발전기 결선은 전동기와는 달리, 직류 발전기에서 전기의 발생지점인 전기자 (+)단자에서 먼저 시작하여 계자권선 연결로 진행하고 다음은 전원 (-)단자와 부하 (-), 그리고 마지막으로 전압계를 접속하는 방식이 가장 쉽게 진행할 수 있는 방법이다.

⑪ 처음 결선은 전기의 발생지점인 전기자 (+)단자에서 시작하여 분권계자권선 (+)단자에 그리고 부하에 접속되는 전류계 (+)단자에 접속한다.

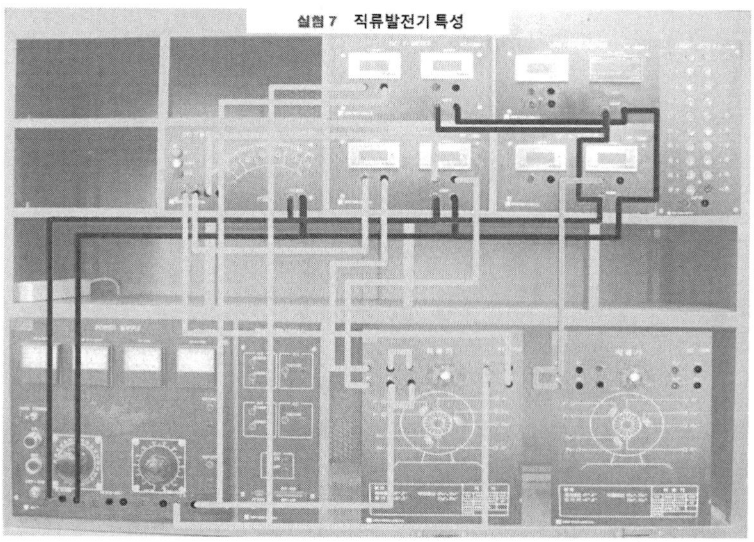

그림 7-13 전기자 +단자 결선 회로

⑫ 다음은 분권계자권선의 결선이다. 분권계자권선 (-)단자에서 분권계자 전류 측정용 직류전류계 (+)단자에 접속하고, 직류전류계 (-)단자에서 계자저항 (+)단자에 접속한다. 계자저항 (-)단자는 후에 접속한다.

그림 7-14 계자회로 결선 회로

⑬ 전기자 및 계자권선, 부하를 접속하는 결선으로 전기자 (-)단자와 계자권선에서 연결되는 계자저항 (-)단자를 접속하고 여기서 다시 부하 (-)단자로 접속한다.

그림 7-15 전기자 -, 계자 -, 부하 - 결선회로

⑭ 직권계자를 접속하는 결선으로 전기자와 부하 전류를 측정하는 전류계 접속단자인 전류계 (-)에서 직권계자권선 (+)단자에 접속하고, 직권계자권선 (-)에서 부하 (+)단자로 접속한다.

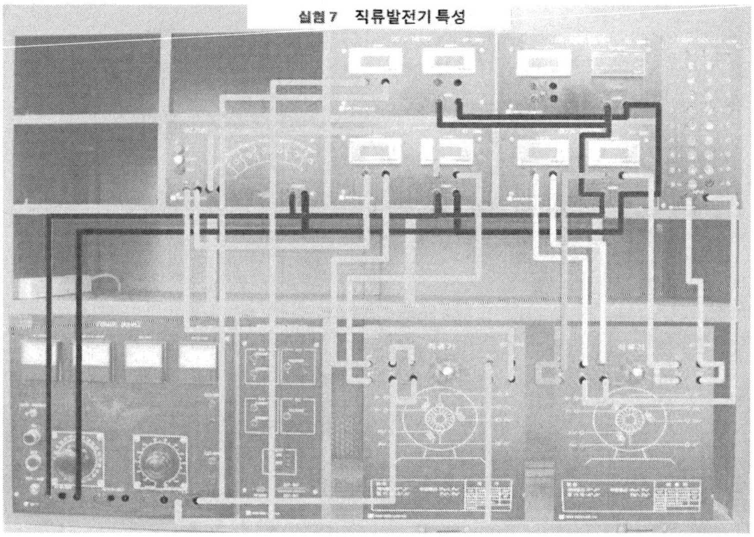

그림 7-16 직권계자회로 결선회로

⑮ 다음 직류전압계를 접속하면 결선이 그림 7-17과 같이 완성된다.

⑯ 직류 발전기의 결선이 완성되면 발전기의 무부하특성, 부하특성, 외부특성실험을 진행하기 위하여 [실험 06]에서 직류복권전동기 2번 실험인 직류복권전동기 기동과 관련된 실험을 진행하고 아래 표에 기입한다.

직류복권전동기					비고
회전속도 [rpm]	공급전압 [V]	전전류 [A]	전기자전류 [A]	계자전류 [A]	

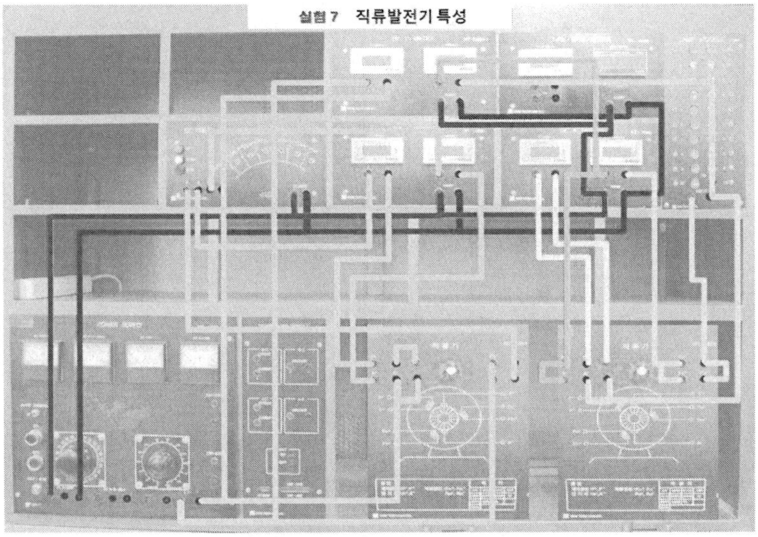

그림 7-17 직류 발전기실험 최종배선회로

(3) 직류복권발전기 무부하특성 실험

① 직류복권발전기의 정격 출력은 DC 100[V]이나, 무부하 특성실험을 위해 정격의 110[%] 출력이 되고, 정격 회전수 1800[rpm]이 될 수 있도록 전동기의 계자저항과 직류복권발전기 계자저항을 조정한다. 이때 계기값을 아래 표에 기입한다. 만약 직류분권발전기 실험인 경우에는 결선을 분권발전기로 결선하고 실험과정을 동일하게 진행하면 된다.

구분	직류 복권전동기				직류 발전기			
회전수 [rpm]	입력전압[V]	전기자 전류 I_a[A]	계자 전류 I_f[A]	부하 전류 I[A]	전기자 전류 I_a[A]	계자 전류 I_f[A]	부하 전류 I[A]	출력 전압[V]

② 실험이 시작되면 발전기의 계자저항을 단계적으로 감소시키면서 측정값을 아래 표에 기록한다.

구분	직류 발전기					직류 복권전동기			
회전수 [rpm]	계자 저항[Ω]	출력 전압 [V]	전기자 전류 I_a [A]	계자 전류 I_f [A]	부하 전류 I [A]	입력 전압[V]	전기자 전류 I_a [A]	계자 전류 I_f [A]	부하 전류 I [A]

③ 전원공급기의 전원을 차단하고 실험 내용을 정리한다.

④ 앞의 실험 결과를 이용하여 특성을 이해할 수 있도록 그래프를 그린다.

(4) 직류복권(분권)발전기 외부특성 실험

① 직류 발전기의 정격 출력이 DC 100[V] 정격 회전수 1800[rpm]이 될 수 있도록 전동기의 계자저항과 직류복권발전기 계자저항을 조정한다. 이때 계기의 측정값들을 아래 표에 기입한다. 만약 직류 발전기의 실험인 경우에는 결선을 변경하여 실험과정을 동일하게 진행하면 된다.

구분	직류 복권전동기				직류 발전기			
회전수 [rpm]	입력 전압[V]	전기자 전류 I_a[A]	계자 전류 I_f[A]	부하 전류 I[A]	전기자 전류 I_a[A]	계자 전류 I_f[A]	부하 전류 I[A]	출력 전압[V]

② 부하는 10[W] 램프, 총 20개로 최대 200[W]이다. 20[W] 씩 증가시키면서 반복 측정하고 측정값을 아래 표에 기입한다.

램프 부하 [W]	회전수 [rpm]	손실 [W]	효율 [%]	직류 발전기					직류복권전동기				
				전기자 전류 I_a [A]	계자 전류 I_f [A]	부하 전류 I [A]	출력 전압 [V]	출력 [W]	입력 전압 [V]	전기자 전류 I_a [A]	계자 전류 I_f [A]	부하 전류 I [A]	입력 [W]
0	1800												
20													
40													
60													
80													
100													
120													
140													
160													
180													
200													

③ 전원공급기의 전원을 차단하고 실험 내용을 정리한다.

④ 앞의 실험 결과를 이용하여 특성을 이해할 수 있도록 그래프를 그린다.

6 검토 문제

① 직류 발전기의 종류와 특성, 그리고 적합한 용도를 설명하시오.

② DC 발전기의 병렬운전 방법을 설명하시오.

③ 실험 시 특이사항과 결론을 정리하시오.

실험 08 동기전동기의 V곡선

1 실습목적

① 동기전동기의 기동방법을 알 수 있다.
② 동기전동기의 위상특성을 이해할 수 있다.
③ 동기전동기의 구조를 관찰, 이해할 수 있다.

2 사용기기 및 재료

①	기본장치함		1대
②	전원장치	3φ 3W AC 220[V], 3[A], DC 120[V] 3[A]	1대
③	회전계	3000[rpm]	1대
④	리드선		1조

동기 전동기 결선용

①	동기전동기	AC 220[V], 1.5[A], DC 100[V] 2[A], 1800[rpm]	1대
②	전류계	AC 3[A]	1대
③	전압계	DC 250[V]	1대
④	전류계	DC 3[A]	1대
⑤	전압계	DC 150[V]	1대
⑥	계자조정기	500[Ω] 2[A]	1대

직류 발전기 결선용

①	직류 발전기	DC 100[V] 1800[rpm] 400[W]	1대
②	전류계	DC 3[A]	3대
③	전압계	DC 150[V]	2대
④	계자조정기	500[Ω] 2[A]	1대
⑤	램프부하	10[W]×20EA, 200[W]	1대

3 예비지식

동기전동기는 회전자계 내에 자극을 설치하면 자극이 회전자계를 따라 회전력이 발생되어 회전하는 전동기이다.

구조는 일반적으로 회전계자형으로 3상 전기자권선은 고정자 측에 감고 회전자에는 주로 돌극형의 계자극을 설치하며, 계자권선에 직류를 공급하여 자극을 만든다. 동기전동기의 회전속도인 동기속도 N_s는 다음과 같다.

$$N_s = \frac{120\,f}{P}\,[rpm] \qquad (8\text{-}1)$$

P : 극수, f[Hz] : 주파수

따라서 동기전동기는 항상 일정 속도로 회전하는 정속도 전동기이다.

동기전동기는 기동토크가 없으므로 기동 조작이 어렵다. 반면에 여자전류의 조정에 따라 전동기의 역률을 조정할 수 있는 등의 이점이 있으므로 비교적 저속도의 대용량에 널리 사용되고 있다.

(1) 동기전동기의 기동

식 (8-1)에서 동기전동기 회전자계의 회전속도는 4극, 60[Hz]인 경우 1,800[rpm]이다. 이를 초당 속도로 환산하면 30[rps]이다. 즉, 1초에 30바퀴를 회전한다. 운전 상태에서 동기전동기의 계자 자극은 이 회전자계를 따라 1초에 30바퀴를 회전할 수 있다. 그러나 기동 시, 즉 정지 상태인 계자 자극이 갑자기 회전자계를 따라 1초에 30바퀴를 회전할 수 없다. 이는 기계적으로 불가능하기 때문이다. 따라서 동기전동기는 기동토크가 없어 스스로 기동할 수 없으므로 다음과 같은 기동 방법이 필요하다.

① 저주파 기동법

전원 주파수가 낮으면 식 (8-1)에서 동기속도가 낮다. 낮은 속도에서는 계자 자극이 회전자계를 따라 회전할 수 있으므로 저주파에서 서서히 기동시킨 후 점차 주파수를 증가시켜 필요한 속도로 운전하는 방법이다. 주파수변환기가 필요하다.

② 기동 전동기법(타 전동기법)

다른 전동기를 축으로 연결하여 기동시키는 방법이다. 보통 유도전동기를 사용하며 유도전동기로 기동하여 정격의 90[%] 정도에 도달하면 유도전동기를 축에서 분리하여도 동기속도로 회전할 수 있게 된다.

③ 자기동법(기동권선 설치)

계자 자극에 슬롯(slot)을 파고 여기에 권선을 배치한 후 단락시켜 놓는다. 이 권선에 회전자계가 가해지면 유도토크가 발생되고 회전력을 발생시켜 기동할 수 있다. 이 권선을 기동권선이라 한다. 또 동기전동기 자체는 부하 변동에 대한 제동력이 없다. 기동권선이 설치되어 있으면 운전 상태에서는 이 권선에 유도토크가 발생되어 제동력을 발생시키므로 이 경우에는 제동권선이라 부른다.

(2) 동기전동기 특성

동기전동기에서 전기자권선저항 r_a는 동기리액턴스 x_s에 비하여 매우 작다.

r_a를 무시하는 경우 1상에 대한 등가회로와 벡터도는 그림 8-1에서와 같다.

여기서 δ는 전압 V와 역기전력 E 사이의 각으로 부하각이라 한다. 이 부하각은 이동각이라고도 하며, 고정자의 자계 방향과 회전자의 자계 방향이 이루는 각도이다.

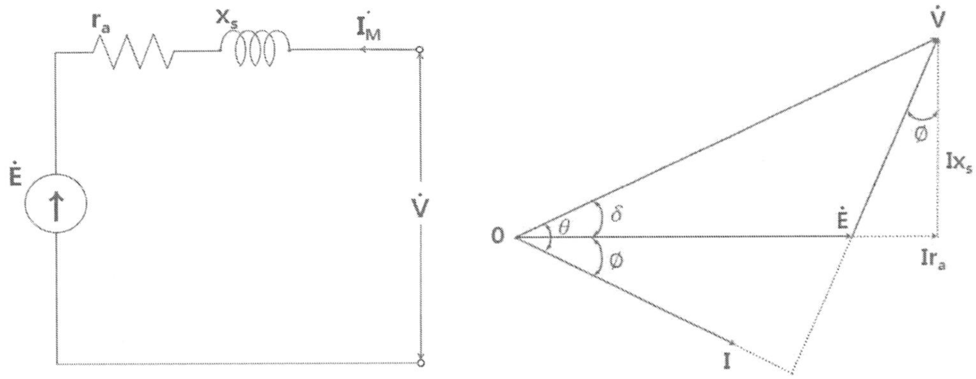

그림 8-1 1상당 등가회로와 벡터도

① 토크

동기전동기의 입력과 출력은 위 벡터도에서 구할 수 있으며 다음과 같다.

$$P_i = 3VI\cos\theta = \sqrt{3}\,V_l I\cos\theta \text{ [W]} \quad (8\text{-}2)$$

$$P_{01} \fallingdotseq \frac{EV}{x_s}\sin\delta \text{ [W]} \quad (8\text{-}3)$$

$$P_o \fallingdotseq 3\frac{EV}{x_s}\sin\delta \text{ [W]} \quad (8\text{-}4)$$

P_i : 3상 입력, P_{01} : 1상당 출력, P_o : 3상 출력

V : 상전압, V_l : 선간전압, I : 전류, $\cos\theta$: 역률

동기전동기는 항상 동기속도 N_s로 회전하므로 동기속도로 회전할 때의 기계적 출력을 토크로 표시한 것을 동기와트라 하며 다음과 같다.

$$T = k\frac{EV}{x_s}\sin\delta[W] \qquad (8\text{-}5)$$

여기서 k는 상수로 $k = \frac{60}{2\pi N_s}$ 이다.

토크와 부하각과의 관계를 그래프로 그린 것이 그림 8-2이며 그림에서와 같이 전동기의 안전운전 범위는 $0 \leq \delta \leq 90^\circ$ 이다.

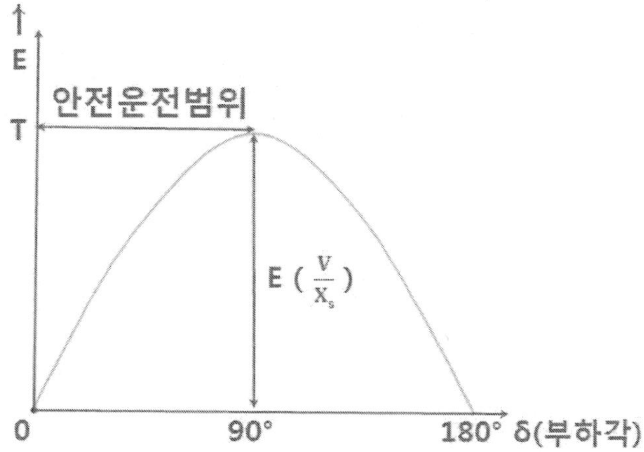

그림 8-2 토크특성

(2) 위상특성

동기전동기에서 단자전압 V 와 부하를 일정하게 유지하면서 계자전류 I_f 만을 변화시키면 전기자전류 I 의 크기와 위상 θ가 변화한다.

계자전류 I_f가 변화하면 자속 ϕ가 변화하므로 역기전력 E ($E = 4.44 K_w f \omega \phi$)가 변화한다. 그러나 전압 V 와 부하가 일정하면 전동기 1상당 출력 $P_{o1} \fallingdotseq \frac{EV}{x_s}\sin\delta$ 가 일정하므로 $E\sin\delta$는 일정하다.

전압 V 와 출력은 일정하고 계자전류 I_f 의 변화에 따른 전기자전류 I 와 역률($\cos\theta$)의 변화를 벡터도로 나타낸 것이 그림 8-3이다. 그림에서 (a)의 경우, 즉 역률 1($\cos\theta = 1$)일 경우와 비교적으로 (b)와 (c)는 다음 표와 같다.

표 8-1 계자전류 I_f 의 변화에 따른 결과

그림 8-3	계자전류 I_f	$E\sin\delta$	역기전력 E	$\sin\delta$	δ	θ	역률 $\cos\theta$	전기자전류 I
(b)	증가	일정	증가	감소	감소	증가 $\theta > 0$	$\cos\theta < 1$	증가, 진상 (leading)
(a)	기준	일정	-	-	-	0	1	최소, 동상
(c)	감소	일정	감소	증가	증가	감소 $\theta < 0$	$\cos\theta < 1$	증가, 지상 (lagging)

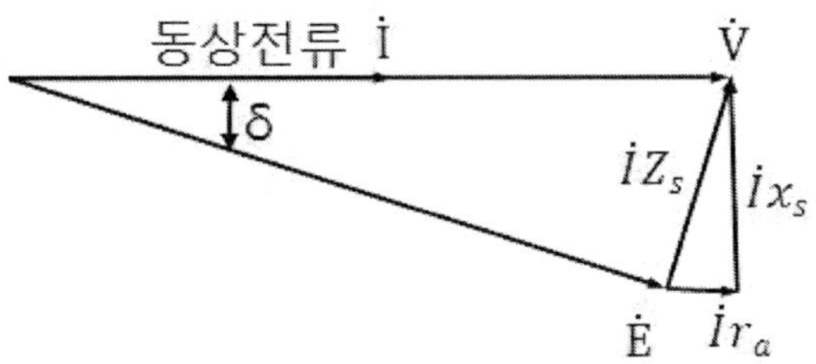

(a) 역률이 1인 경우

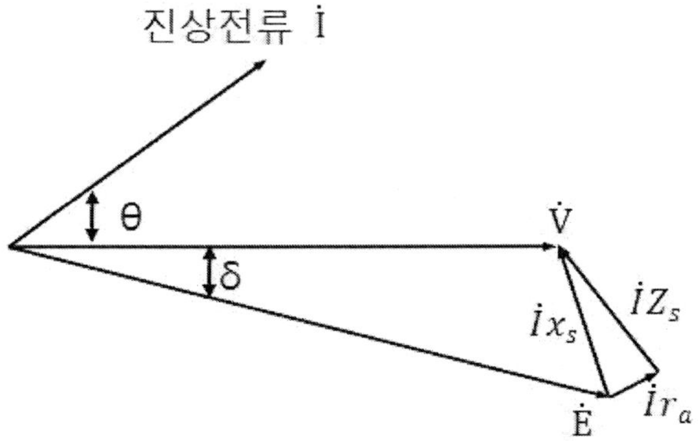

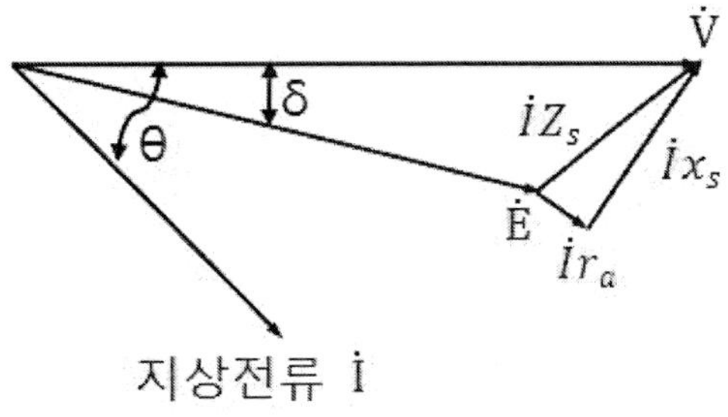

(b) 계자전류(I_f)를 증가 시켰을 경우

(c) 계자전류(I_f)를 감소 시켰을 경우

그림 8-3 계자전류 I_f 에 따른 벡터도

이상에서와 같이 동기전동기는 계자전류를 제어하여 전류와 역률을 조정할 수 있다. 계자전류와 전기자전류의 관계 곡선이 위상특성곡선이며, V곡선이라고도 한다. 그림 8-4는 위상특성곡선을 보여준다. V곡선에 있어서 최소점의 전류는 역률이 1일 때이다($\cos\theta = 1$).

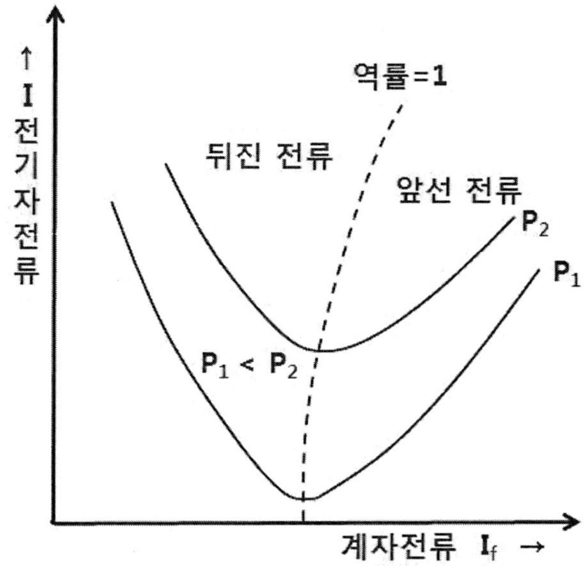

그림 8-4 위상특성(V)곡선

4 주의사항

① 전동기의 여자를 변화시키면 철손, 전기자전류가 변화하여 동손이 변화하므로 전력계 지시값이 변한다.

② 부하가 약간 많아졌을 때 여자를 적게 하면 난조를 일으킨다. 이때에는 즉시 여자를 증가시킨다. 그래도 난조가 그치지 않으면 교류 전원을 차단한다.

③ 동기전동기의 결선 시 전원공급 장치의 전원 결선은 최종으로 한다. 실수에 의한 전원 투입으로 안전사고 방지.

④ 동기전동기의 기동 및 운전 시에 급격한 입력변화를 주지 않도록 한다.

⑤ 정격범위를 넘는 고속 회전과, 정격전압(AC 220[V], DC 48[V])의 범위를 넘는 값에 대하여는 기기의 손상이 우려되므로 실험을 금한다.

5 실험실습방법

(1) 권선의 저항 측정

① 동기전동기와 DC 발전기의 권선저항을 측정하여 아래 표를 작성한다. 전기자권선의 저항을 측정할 때 브러시와 정류자 편과의 접촉 때문에 측정이 어려울 수 있다. 이 경우 회전자를 서서히 돌리면서 전기자 권선의 저항을 측정한다.

구분	전기자(고정자)권선	계자권선	단위
동기전동기			[Ω]

구분	전기자권선	분권계자권선	직권계자권선	단위
DC 발전기				[Ω]

(2) 동기전동기 V곡선 실험을 위한 결선

① 그림 8-5의 동기전동기 회로도를 참고하여 실험에 필요한 기기 · 기구 목록을 작성한다.

물품명	규격	필요 수량	비고

② 과정 ①에서 작성한 목록을 참조하여, 실험이 편리한 위치에 각 기기 · 기구를 배치한다.

③ **실험 1. 기기 · 기구 사용설명**을 참조하여 기본실험대에 설치된 사용기기의 규격을 확인하고 기기의 이상 유무를 점검한다.
④ 직류전원 공급 장치의 출력이 OFF될 수 있는지 확인하고, 가변 전원 전압은 최소 (0[V])로 조정한다.
⑤ 동기전동기의 계자조정기의 위치는 저항이 최소인 위치에 놓이도록 조정한다.
⑥ 동기전동기의 전기자는 AC 전원을 사용하고 계자 전원은 DC이므로 계기 및 기기의 극성을 정확히 연결해야 한다. 계자의 결선도에 전류가 흐르는 방향을 미리 표기하는 것도 바람직하다.
⑦ 그림 8-7은 회로도이다. 실험에 필요한 최소 계기수를 확인하고 회로도를 수정한다.
⑧ 동기전동기의 전기자에는 전원공급 장치의 가변 교류 3상 전원을 연결한다.
이때 한 상에는 AC 전류계를 통해 연결한다.
⑨ 계자에는 전원공급 장치의 가변 DC 전원을 연결한다. 전원-계자권선-계자저항-DC 전류계 등을 극성에 주의하여 연결한다. 참고로 계자권선의 정격전압은 48[V]이다.
⑩ 계기는 별도의 교류전원이 필요하다. 전원공급기의 고정 3상 220[V] 전원 중 2상의 전원을 계기의 AC 전원 단자와 접속한다.
⑪ AC 전압계, DC 전압계를 연결한다.
⑫ [실험 07 직류 발전기 특성]을 참고하여 커플링 된 DC복권발전기와 부하를 결선한다.

(3) 동기전동기 기동

① 전원공급기의 전원이 OFF인지 확인한다.
② 전원공급기의 직류 및 교류 가변전원용 전압조정기를 최소(0[V]) 위치로 조정한다.
③ 동기전동기 계자조정기의 저항은 최소(0[Ω]), DC 발전기 분권계자조정기의 저항은 최대(150[Ω])가 되도록 조정한다.
④ 다른 조원이 결선을 점검하고, 담당교수의 확인을 받는다.
⑤ 전원공급기의 전원 공급용 스위치를 ON한다. 이때 각 계측기 값들이 정상인지 확인한다.
⑥ 회전계용 센서를 동기전동기 우측에 적당히 설치하고, 전동기 회전자를 손으로 돌려보면서 회전계 동작을 확인한다.
⑦ 동기전동기 계자 전압이 100[V]가 되도록 가변 직류전원을 조정한다.
⑧ 전원공급 장치의 가변 교류 3상 전원 전압을 0[V]에서 서서히 증가시켜 220[V]까지 증가시킨다. 이때 각 계기값들을 주시하며, 모터의 회전이 정상적인지 관찰한다.
⑨ 이상이 발견되면 즉시 전원을 OFF한다. 결선을 다시 점검하고, 담당교수의 확인 후

실험을 다시 시작한다.

⑩ 동기전동기 정격 회전수는 1800[rpm]이다.

⑪ 동기전동기 입력전압은 AC 220[V], DC 100[V]이며, 계자조정기는 대략 80-100[Ω] 정도로 조정하는 것이 바람직하다. 회전속도가 정격에 도달하면 측정값들을 아래 표에 기록한다.

AC전압 [V]	AC전류 [A]	DC전압 [V]	DC전류 [A]	계자저항 [Ω]	회전속도 [rpm]
220[V]		100[V]			

⑫ 전원공급기 전원을 OFF한다.

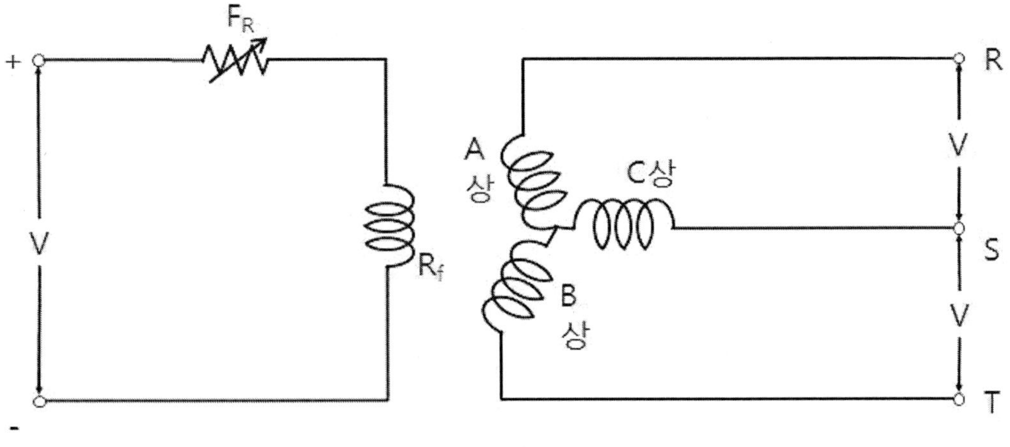

그림 8-5 동기전동기 회로도

(4) 동기전동기 특성실험

① 앞의 '(3) 동기전동기 기동'에서 ①~⑦까지 진행한다.

② 전기자 전압을 0[V]부터 정격전압(220[V])까지 증가시키면서 측정값을 아래 표에 기재한다.

전기자전압 [V]	전기자전류 [A]	계자전압 [V]	계자전류 [A]	계자저항 [Ω]	회전속도 [rpm]

③ 전기자전압, 계자전압은 정격을 유지하며, 계자조정기 저항값을 0[Ω]부터 증가시키면서 아래 표를 작성한다.

전기자전압 [V]	전기자전류 [A]	계자전압 [V]	계자전류 [A]	계자저항 [Ω]	회전속도 [rpm]

④ 앞의 '(3) 동기전동기 기동'을 참조하여 전동기를 기동시킨 후 부하를 전체의 0~100[%]까지 변화시키면서 아래 값들을 측정, 기록한다.

동기전동기					DC복권발전기				회전 속도 [rpm]
전기자 전압 [V]	전기자 전류 [A]	계자 전압 [V]	계자 전류 [A]	계자 저항 [Ω]	전압 V[V]	부하 전류 I [A]	전기자 전류 I_a [A]	계자 전류 I_f [A]	

⑤ 전원공급기의 전원을 OFF하고, 실험 결과를 정리한다.

⑥ 실험용 기기, 기구 및 계기를 정리한다.

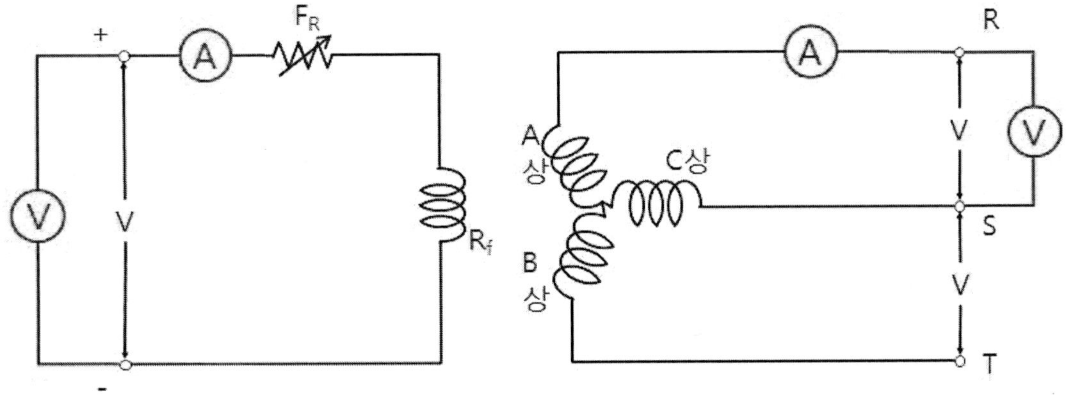

그림 8-4 동기전동기 결선도

6 검토 문제

① 실험결과에서 동기전동기의 위상특성곡선(V곡선)을 그려라.

② 동기전동기의 V곡선이란 무엇인가.

③ 동기전동기의 기동법을 설명하시오.

④ 동기기의 전기자반작용을 설명하시오.

실험 09 동기전동기의 특성 원동기

1 실습목적

① 동기발전기의 무부하포화곡선을 이해할 수 있다.

② 동기발전기 부하특성 등을 관찰하고 이해한다.

③ 동기발전기의 구조를 관찰하고 이해한다.

2 사용기기 및 재료

기본 공통 사용

①	기본장치함		1대
②	전원장치	3φ 3W AC 220[V], 3[A], DC 120[V] 3[A]	1대
③	회전계	3000[rpm]	1대
④	리드선		1조

동기발전기 결선용

①	동기발전기	AC 220[V], 1.5[A], DC 100[V] 2[A], 1800[rpm]	1대
②	전류계	AC 3[A]	1대
③	전압계	DC 250[V]	1대
④	전류계	DC 3[A]	1대
⑤	전압계	DC 150[V]	1대
⑥	계자조정기	500[Ω] 2[A]	1대
⑦	부하램프	10[W]×3×7EA, 210[W]	1대

직류 전동기 결선용

①	직류 전동기	DC 100[V] 1800[rpm] 400[W]	1대
②	직류기동기	DC 1[A] 8[Ω]	1대
③	전류계	DC 3[A]	3대
④	전압계	DC 150[V]	2대
⑤	계자조정기	500[Ω] 2[A]	1대

3 예비지식

(1) 무부하포화곡선

동기발전기를 무부하에서 정격속도로 운전할 때, 계자전류 I_f와 단자전압 V 와의 관계를 무부하포화곡선이라 한다.

동기발전기를 무부하에서 정격속도로 운전하는 경우 유기기전력 E 는 다음 식과 같다.

$$E = 4.44 K_w w f \phi [V] \quad (9\text{-}1)$$

K_w : 권선계수, w[회] : 코일의 권횟수,

f[Hz] : 주파수, ϕ[Wb] : 극당 자속

위 식에서 주파수는 일정하므로 유기기전력 E 는 자속 ϕ에 비례한다. 계자전류가 증가하면 자속 ϕ는 비례하여 증가하나 철심의 자기포화현상으로 어느 정도 이상에서는 자속 ϕ는 포화된다. 따라서 유기기전력 E 도 포화되며 그림 9-1(b)에서와 같다.

그림 9-1는 무부하시험 회로도이다. 그림 9-2에서 포화율 σ는 다음 식과 같다.

$$\sigma = \frac{\overline{bc}}{\overline{ab}} \quad (9\text{-}2)$$

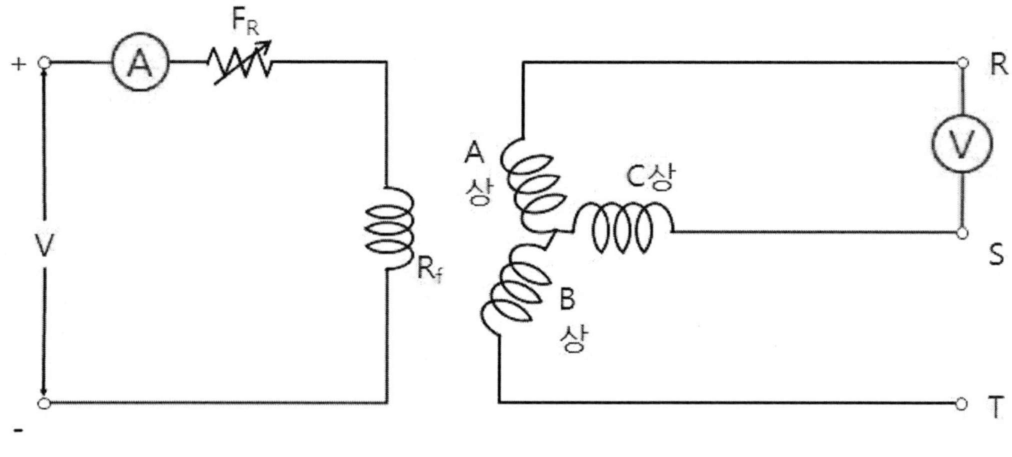

그림 9-1 무부하시험 회로도

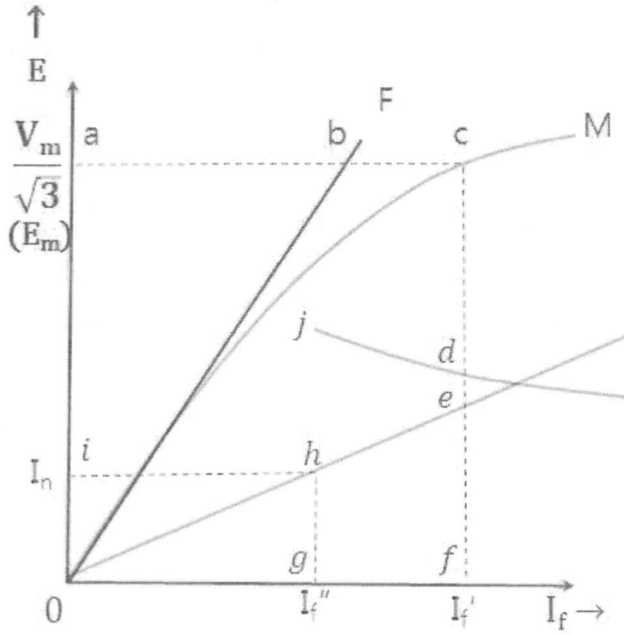

그림 9-2 동기발전기 특성곡선

(2) 3상 단락곡선

3상 동기발전기의 단자를 서로 단락시키고 정격속도로 운전할 때 계자전류 I_f와 단락전류 I_s와의 관계를 단락곡선이라 한다. 그림 9-3 단락시험 회로도와 그림 9-4 단락곡선의 한 예이다.

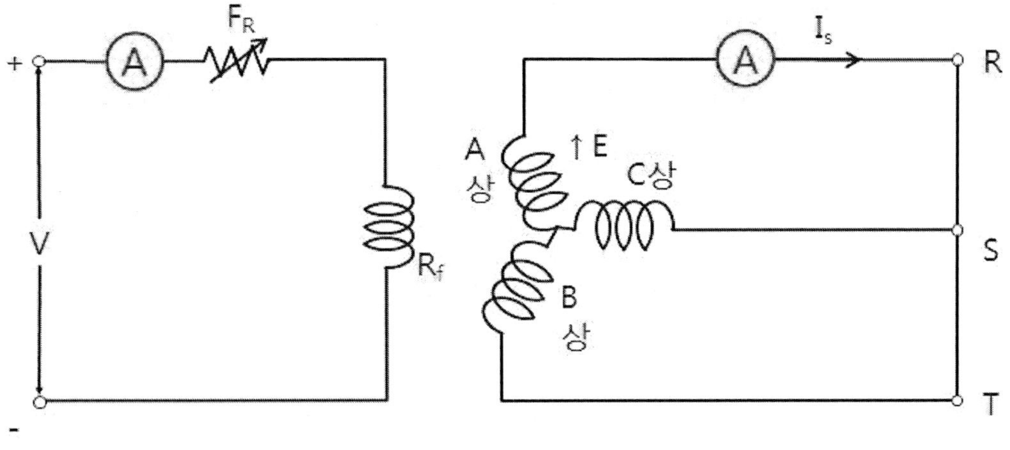

그림 9-3 단락 시험

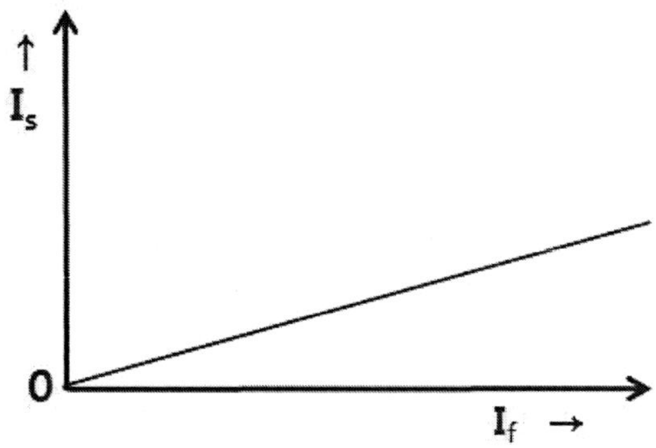

그림 9-4 단락 곡선

(3) 외부특성곡선

동기발전기를 정격전압, 정격전류, 계자전류, 역률 등을 일정하게 유지하면서 부하를 변화시켰을 때 단자전압과 부하전류의 관계가 외부특성곡선이다.

동기발전기의 전기자반작용은 역률에 따라 그 영향이 달라지므로 역률에 따라 단자전압의 변화가 달라지기 때문에 외부특성곡선은 표 9-1에서와 같이 변화하며 그림 9-5에서와 같다.

표 9-1 역률에 따른 단자전압 변화

역률	전기자반작용	자속 ϕ	유기기전력 E	단자전압 V
지상(뒤짐)	감자작용	감소	감소	감소
동상	약간 감자	약간 감소	약간 감소	약간 감소
진상(앞섬)	증자작용	증가	증가	증가

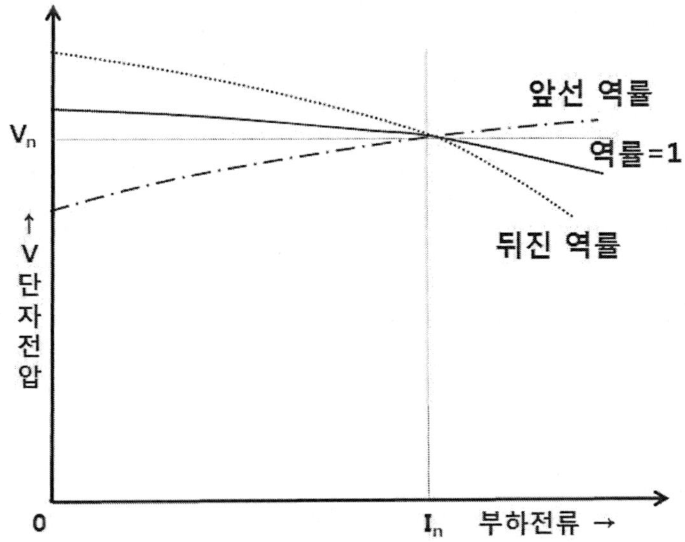

그림 9-5 외부 특성 곡선

4 실험 시 주의사항

① 동기발전기의 결선시 직류 입력과 교류 출력의 전원 및 부하의 연결을 주의하여 결선한다.

② 동기발전기의 계자저항을 급격히 변화시키지 말 것.

③ 동기발전기의 효율 측정 전에 반드시 전동기의 효율을 정확하게 측정해 두어야 한다.

④ 정격범위를 넘어가는 고속 회전, 입력전압(AC 220[V], DC 48[V])의 범위를 넘어서지 않도록 하시오. 정격이 넘어서면 기기 손상이 될 수 있으므로 주의 바랍니다.

5 실험실습방법

(1) 권선의 저항 측정

① 동기전동기 실험을 진행하기 위해서 직류 전동기 및 동기발전기의 각각의 권선저항을 측정하여 아래 표에 작성해야 한다.

② 측정이 필요한 부분은 직류 전동기의 분권계자권선, 전기자권선, 직권계자권선과 동기발전기의 계자권선 저항과 고정자권선 저항을 측정할 수 있다.

③ 직류 전동기의 전기자 권선저항의 경우 브러시와 정류자편과위 접촉이 불량하여 측정이 어려운 경우 회전자 축을 회전하면 측정이 가능하다.

구분	직류 전동기	동기발전기	비고

(2) 동기발전기실험을 위한 결선

① 사용기기 및 재료 목록과 그림 9-6 동기발전기 회로도를 참조하여 실험에 필요한 물품 목록을 작성한다.

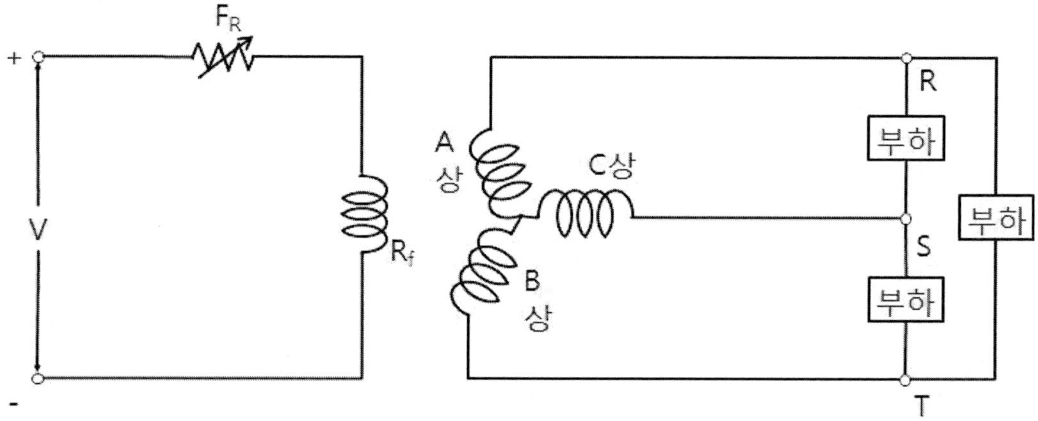

그림 9-6 동기발전기 회로도

물품명	규격	필요 수량	비고

② 실험과정 ①에서 작성한 목록을 참조하여 기본실험대에 실험진행시 오차를 줄이고 측정이 유리한 위치에 각 기기 및 계측기의 설치 위치를 확인 장착한다.

그림 9-7 실험대에 동기발전기의 특성 원동기 실험에 필요 기기 장착모습

③ 기본실험대에 장착된 사용기기의 규격은 실험 1 기계기구 사용설명을 참조하여 확인하고 기기의 이상 유무를 점검한다.

④ 직류전원 공급 장치의 출력전원이 차단될 수 있도록 동작여부를 확인하고 가변 전원 전압은 최소 범위인 0[V]로 조정한다.

⑤ 직류 전동기에 장착되어있는 계자조정기(속도조정기)의 위치는 저항 값이 최솟값 위치에 놓이도록 조절한다.

⑥ 직류 전동기 및 동기발전기에 사용되는 직류전원은 극성에 의해 측정이 불가능 할 수 있으므로 사용되는 계측기 및 기기에 흐르는 전류의 방향을 고려해야 한다.

⑦ 계측기를 접속한 동기발전기의 회로도는 실험에 필요한 계측기를 모두 표시한 그림이다. 실험에 필요한 최소 계측기를 확인하고 결선에 맞도록 회로도를 수정한다.

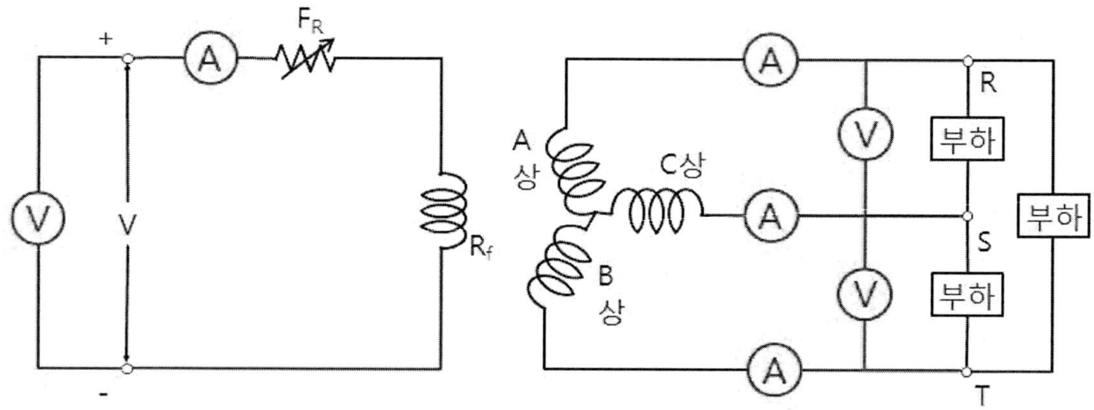

그림 9-8 계측기를 접속한 동기발전기 회로도

⑧ 그림 9-8 동기발전기의 회로도를 바탕으로 본인이 결선할 결선도를 수정하고, 수정한 동기발전기 결선도에 본인이 필요한 전류 흐르는 방향을 미리 표기하는 것이 바람직한 방법이다.

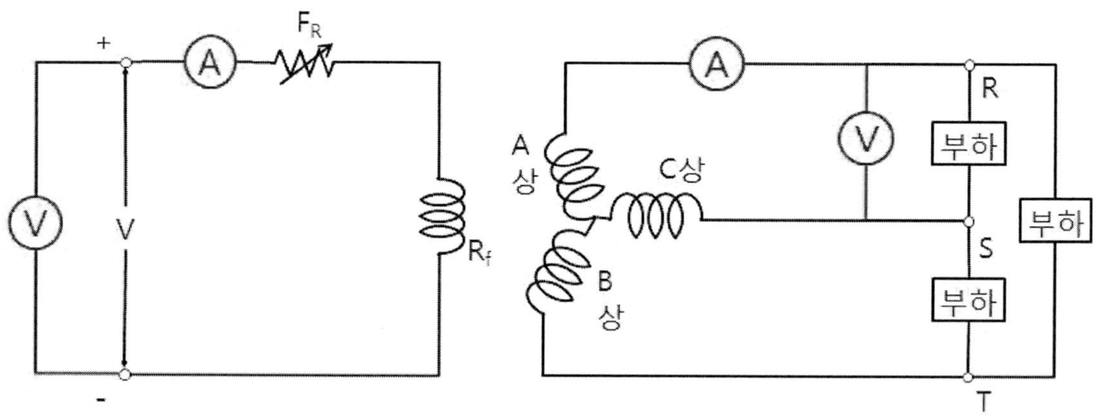

그림 9-9 결선을 위한 동기발전기 회로도

⑨ 실험에 필요한 직류기동기 및 계측기는 별도의 교류전원을 입력해야 동작하므로 직류 전원 공급기의 고정 3상 전원 중 2상의 전원을 계측기 및 기동기의 AC 전원 단자와 접속한다.

그림 9-10 동기발전기에 계측기 및 직류기동기 전원 연결

⑩ 동기발전기용 분권 전동기결선은 [실험 04 분권전동기의 부하실험]을 참조하여 완성한다.

그림 9-11 직류 분권전동기 결선회로

⑪ 동기발전기 회로에서 가장 처음에 접속을 진행할 회로는 교류 3상 전원이 발생되는 고정자 부분회로로 전동기의 R상, S상, T상에서 3상 부하의 R상, S상, T상으로 접속하면 된다. 단, 고정자 권선에서 발생된 전압과 전류를 측정하기 위해서는 계측기를 접속하여야 하므로 R상은 교류 전류계를 직렬로 접속한 후 부하의 R상에 접속한다.

⑫ 부하에 따른 발전기의 전류 분담을 측정하는 전류계는 R상에 직렬로 접속하면 된다. 전압계는 최종적으로 접속하므로 현재 접속은 보류한다.

그림 9-12 동기발전기의 부하 접속 회로

⑬ 동기발전기의 계자권선 결선을 하고자 합니다. 우선 동기발전기의 계자 권선의 사용전압이 직류 48[V]이므로 입력 전압에 주의 하여야 한다. 전원공급기의 가변 직류전원 (+)단자에서 직류전류계 (+)단자에 접속, 직류전류계 (−)단자에서 계자권선 (+)단자로 접속, 계자권선 (−)단자에서 계자저항 (+)단자로 접속, 계자저항 (−)단자에서 직류전원공급기의 가변 직류단자 (−)단자로 접속한다. 직류전압을 측정하기 위한 직류 전압계 접속은 잠시 보류 한다.

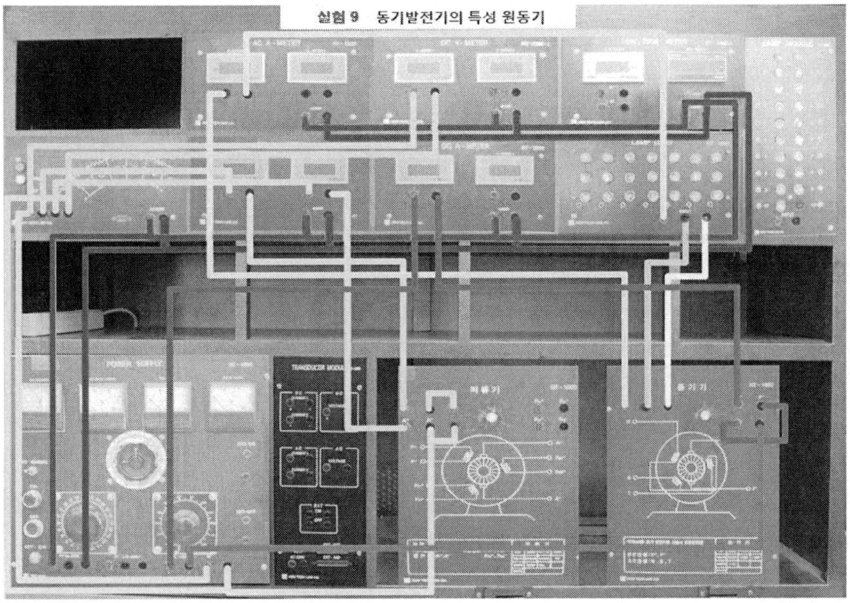

그림 9-13 동기발전기의 계자회로 접속 회로

⑭ 그림 9-13까지 운전에 필요한 결선은 완료하였으나, 발전기에서 발생하는 교류전압 측정용과 계자권선에 접속하는 직류 전압계를 접속한다.

그림 9-14 동기발전기회로에 전압계접속 (최종회로)

(3) 동기발전기 무부하 및 부하실험을 위한 기동

① 직류전원공급기의 전원이 차단되어있는지 확인한다.

② 직류 및 교류 가변전원용 전압조절기가 최소 위치에 놓이도록 조절한다.

③ 계자조정기(속도조정기)의 위치는 분권전동기의 계자조정기 저항 값은 최솟값 0[Ω] 위치에 놓이도록 조절하시고 분권발전기의 계자조정기의 저항 값은 최댓값의 위치인 150[Ω]의 위치에 놓이도록 조절한다.

④ 실험 (2) 과정에서 진행한 직류 분권전동기 및 동기발전기의 결선이 끝나면 다른 조원이 돌아가면서 결선한 회로의 이상 유무를 점검한다.

⑤ 전원 공급기의 전원 공급 이전에 본 실험에서 진행하고자하는 실험진행 방법을 공동 실험자와 논의 하고 각각 담당 범위를 점검한다.

⑥ 실험을 임할 준비가 되었으면 분권전동기의 부하실험을 진행한 경험 있는 숙련된 책임자에게 회로의 이상 유무를 확인 받아야 합니다.

⑦ 전원 공급기의 전원을 받은 직류 전동기가 회전하고 직류 전동기와 커플링을 통하여 기계적으로 접속한 직류 발전기가 발전되어 전동기의 부하로 사용하여 실험하는 방식이다. 직류 전동기와 동기발전기가 접속된 커플링이나 접속 방법이 서툴 경우 기계적인 손실이 증가하여 실험에 대한 손실이 증가 하므로 전동기와 발전기의 접속을 정확하게 진행하시고 전동기 운전 중 진동에 의하여 탈착이 되지 않도록 주의하여 고정해야한다.

⑧ 직류공급 장치의 가변 직류 전원을 직류 전동기의 정격인 100[V]가 되도록 조절한다.

⑨ 직류기동기의 UP 스위치를 동작시켜 기동기의 S_1 스위치의 램프가 동작하는지 확인한다. 이때 직류 전동기가 적정 속도로 운전하는가 RPM 메타를 확인하고 직류 전류계 및 직류 전압계의 지시 값이 올바른 값을 지시 하는지 확인하고 아래 표에 작성한다.

직류 분권전동기					비고
회전속도 [rpm]	공급전압[V]	전전류[A]	전기자전류 [A]	계자전류[A]	

⑩ 직류기동기의 스위치가 동작하여 직류 전동기에 전압이 공급되었을 때 직류 전동기가 급격하게 속도가 증가하거나 회전하지 않는 경우나, 직류 전류계 또는 직류 전압계 등 측정값에 오류가 있으면 직류기동기의 STOP 스위치를 동작시켜 직류 전동기를 정지시키고 접속한 결선의 이상 유무를 다시 확인하시고 실험 ⑥ 과정부터 다시 진행한다.

⑪ 직류 전동기가 정상적으로 기동 운전하면 직류 기동기의 UP 스위치를 동작시켜 스위치가 S_1에서 S_5까지 단계적으로 상승시키면 된다. 이때 UP 스위치는 기동전류가 감소될 때까지 단계별로 대략 5초 정도의 시간을 두고 단계별로 상승시키고 최종 S_5까지 상승시켰을 때 직류 전동기의 정격 속도인 1800[rpm]되어야 한다. 정격속도가 아닐 경우 되도록 계자저항을 가감하여 정격이 되도록 조절한다.

⑫ 직류 분권전동기가 1800[rpm]으로 회전할 때 직류 분권전동기와 커플링을 통하여 회전하고 있는 동기발전기에서 발생하는 교류전압이 220[V]가 되도록 동기발전기를 함께 제어하여야 한다.

⑬ 동기발전기의 정력 출력을 얻기 위해서는 우선 직류전원공급기의 계자권선에 전압을 공급해 주는 직류전압조절기를 48[V]가 되도록 조절한다. 이때 전동기가 회전하고 있으므로 발전기의 전압이 상승하여 220[V]의 출력되고 있음을 확인할 수 있다.

⑭ 동기발전기용 계자조절기는 약 80[Ω]에서 100[Ω] 정도가 되도록 조절한다. 직류 분권전동기의 정격을 1800[rpm] 으로 조절하였어도 동기발전기 측의 전압조절시 회전속도가 변경되니 전동기와 발전기의 계자자항은 병행하여 같이 조절하여야 한다.

⑮ 전동기 정격 회전시 동기발전기와 접속된 부하를 0[W]에서 210[W]까지 변화시키면서 전동기 및 발전기의 측정값을 기록한다.

회전수 [RPM]	부하[W]	동기발전기				전동기		
		출력전압 [V]	I [A]	계자전압 [V]	I_f [A]	I_f [A]	I [A]	V [V]

⑯ 직류 전동기용 기동기의 STOP 스위치를 작동하여 전동기를 정지시킨다.

⑰ 전원공급기의 전원을 차단하고, 실험결과를 정리한다.

⑱ 실험용 기계기구 및 계측기를 정리한다.

6 연구문제

① 동기발전기의 부하특성을 설명하시오.

② 동기발전기의 전기자반작용을 설명하시오.

실험 10 3상 권선형 유도전동기 무부하시험

1 실습목적

① 3상 유도전동기의 기동법을 익힌다.

② 3상 유도전동기의 무부하 상태에서의 공급전압에 대한 무부하전류와 손실, 회전수 등를 측정해 보고 이해할 수 있다.

③ 3상 유도전동기의 동손, 철손, 기계손을 측정해 보고 이해할 수 있다.

2 사용기기 및 재료

기본 공통 사용

①	기본장치함		1대
②	전원장치	3φ 3W AC 220[V], 3[A], DC 120[V] 3[A]	1대
③	회전계	3000[rpm]	1대
④	리드선		1조

3상 권선형 유도전동기 결선용

①	3상 권선형 유도전동기	AC 220[V], 1.5[A], 1800[rpm]	1대
②	전류계	AC 3[A]	1대
③	전압계	DC 250[V]	1대
④	3상 전력계	AC 220[V] 3[A]	1대
⑤	2차 저항계		1대

3 예비지식

유도전동기의 고정자에 3상 권선을 감고 여기에 3상 평형 전류를 흘리면 동기속도로 회전하는 회전자계가 발생하며, 회전자에는 기전력이 유기되어 전류가 흐른다. 이때 회전자계의 자속과 회전자 전류에 의하여 토크(회전력)가 발생되고 회전자는 회전을 하게 된다. 무부하 상태에서 회전자의 회전속도는 회전자계와 거의 같은 속도, 즉 동기속도에 가까운 속도로 회전하게 된다. 여기서 동기속도 N_s는 아래 식과 같다.

$$N_s = \frac{120\,f}{P}\ [\mathrm{rpm}] \qquad (10\text{-}1)$$

f [Hz] : 주파수, P : 자극수

그리고 1차 권선에 흐르는 여자전류가 만든 회선자계에 의해 1차 권선에 발생되는 1차 유기전압 E 는 다음과 같다.

$$E = 4.44 K_{w1} f w_1 \phi\ \ [\mathrm{V}] \qquad (10\text{-}2)$$

K_{w1} : 1차권선 계수, w_1 : 1차 1상의 권수, ϕ[Wb] ; 1극당 자속수

유기전압 E는 전동기로서의 역기전력이며, 단자전압V에서 1차 임피던스에 의한 전압강하를 뺀 값이다.

3상 유도전동기에 정격주파수의 정격전압을 인가하여 무부하로 운전할 때, 단자전압을V, 무부하전류를 I_0, 무부하손실을 P_0라 하면 전류의 유효분 I_{01}과 무효분 I_{02}는 다음 식으로 계산된다.

$$I_{01} = \frac{P_0}{\sqrt{3}\,V} \qquad (10\text{-}3)$$

$$I_{02} = \sqrt{I_0^2 - I_{01}^2} \qquad (10\text{-}4)$$

단, 각 상의 무부하전류는 그의 평균값과의 차가 평균값의 ±5[%]를 넘지 않을 것이 좋다.

무부하손 P_0에는 철손 P_i, 기계손 P_m과 1차권선의 동손$P_c = I_0^2 r_1$ 등이 포함되어 있으나, 1차 동손$P_c = I_0^2 r_1$은 매우 작으므로 무시할 수 있다. 철손P_i와 무부하전류 I_0는 전동기의 공급전압V에 따라 변하지만 기계손P_m은 회전속도의 함수로서 속도가 일정하면 P_m이 일정하며, 공급전압 V에 의해서 변하지 않는다. 그러므로 전동기의 단자전압 V를 정격전압 근처 전압으로 조정하여 변화시키면서 단자전압 V에 따른 무부하손P_0를 측정하면

그림 10-1과 같은 특성 곡선을 구할 수 있다.

여기서 기계손 P_m은 전압과 무관함으로 곡선의 연장과$V=0$인 종축과의 교점으로 기계손 P_m을 구할 수 있으며, 이와 같은 방법으로 철손과 기계손을 분리할 수 있다. 철손은 대체로 전압의 2승에 비례하여 변화한다. 또 기계손은 속도가 일정하면 일정하므로, 정격전압 상하에서 수점의 전압에 대한 손실을 측정하여 그림 10-1과 같이 손실 곡선을 그린다. 곡선의 연장과 전압이 0인 세로축과의 교점(곡선의 연장과$V=0$인 종축과의 교점)을 구하면 ab는 기계손 P_m을 나타내고 bc는 철손+동손(P_i+P_c)을 나타낸다. 동손은 권선의 저항을 측정하면 계산되므로, 동손과 철손은 분리될 수 있다.

여기서 1차 어드미턴스 Y_0, 컨덕턴스 g_0, 서셉턴스 b_0는 다음 식으로 계산된다.

$$Y_0=\frac{I_0}{V}\ [\mho] \tag{10-5}$$

$$g_0=\frac{P_i}{V^2}=\frac{P_0-P_m}{V^2}\ [\mho] \tag{10-6}$$

$$b_0=\sqrt{Y_0^2-g_0^2}\ [\mho] \tag{10-7}$$

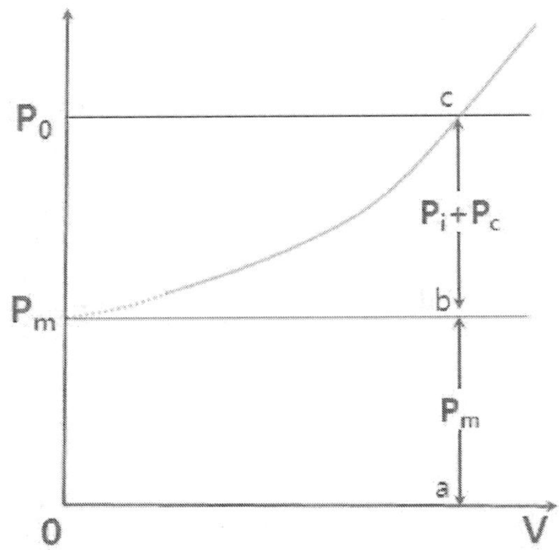

그림 10-1 철손과 기계손의 분리

유도전동기는 1차 측에 전압을 가하면 스스로 기동하는 특성을 가지고 있는데, 기동용 스위치를 투입하는 순간에는 슬립이 $s=1$(정지 상태)이므로, 마치 변압기의 2차 측을 단락한 상태로 1차 측에 전압을 가하는 것과 같다. 이때 전동기에 유입하는 전류, 즉 기동전류 I_s는 다음 식에서 표시된 정격전류의 수배이다. 또 이 경우에 식에서 나타낸 기동회전력T_s를 발생하여 운전 상태로 옮겨지게 된다.

$$I_1' = \frac{V}{\sqrt{(r_1 + r_2'/s)^2 + (x_1 + x_2')^2}} \text{[A]} \qquad (10\text{-}8)$$

$$I_s = \frac{V}{\sqrt{(r_1 + r_2')^2 + (x_1 + x_2')^2}} \text{[A]} \qquad (10\text{-}9)$$

$$s = \frac{N_s - N}{N_s} \qquad (10\text{-}10)$$

s : slip, N_s : 동기속도[rpm], N : 회전속도[rpm]

$r_1[\Omega]$, x_1 $[\Omega]$: 1차 1상의 저항과 리액턴스

$r_2'[\Omega]$, x_2' $[\Omega]$: 1차 1상으로 환산한 2차 저항과 2차 리액턴스

유도전동기는 기동전류가 크고 기동회전력이 작다. 전동기의 용량이 작을 때에는 기동전류의 절대값이 비교적 작아 큰 문제가 없으므로 보통 전전압으로 기동시키나, 용량이 커지면 기동전류에 의한 전압강하는 다른 전기기기에 악영향을 미치게 되므로 적당한 기동방법을 택해야 한다. 유도전동기의 기동 방법은 기동 전류의 허용 값과 기동회전력의 요구값에 의해서 결정된다. 또 회전자에 농형과 권선형이 있어 기동법도 각각 다르다.

유도전동기를 정격전압 및 정격주파수로 무부하운전시 원선도 작성에 필요한 무부하전류 $I_0 = I_{01} + jI_{02}$는 앞의 식 (10-3), (10-4)에 의해 계산된다.

4 실험 시 주의사항

① 회로의 결선 후 반드시 담당교수의 확인을 받을 것.

② 기동 직후에는 베어링의 손실이 크므로 기동 후 약간 시간이 경과한 후에 측정한다.

③ 3상 교류전력계 1대 대신에 단상교류전력계 2대를 사용하는 경우, 전동기의 역률이 50[%] 이하가 되면 한쪽의 전력계가 負(−)로 된다. 각 계기의 지시로부터 역률은 아래의 식으로 계산된다.

$$\cos\theta_0 = \frac{P_0}{\sqrt{3}\ VI_0} \qquad (10\text{-}12)$$

5 실험실습방법

(1) 3상 권선형 유도전동기 무부하시험 결선방법

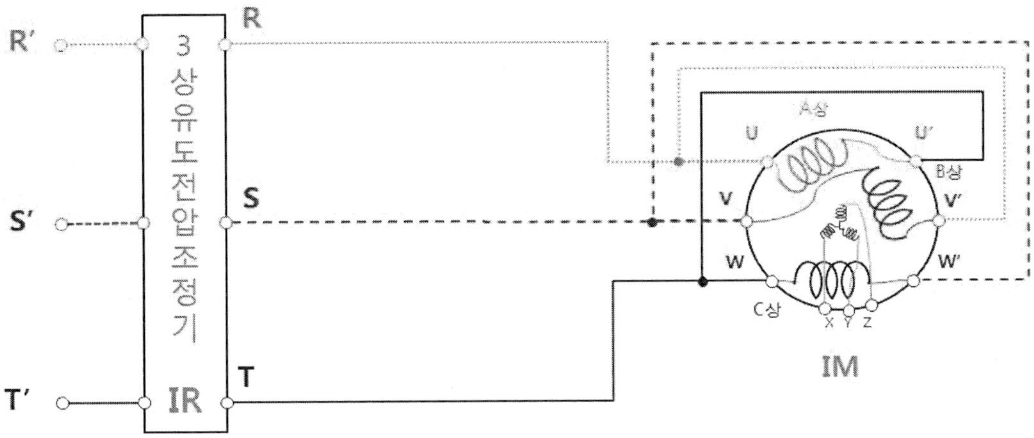

그림 10-2 3상 권선형 유도전동기 회로도

① 사용기기 및 재료 목록과 그림 10-2 3상 권선형 유도전동기 회로도를 참조하여 실험에 필요한 물품 목록을 작성한다.

그림 10-3 3상 권선형 유도전동기 무부하시험 기본 실험대

물품명	규격	필요 수량	비고

② 실험과정 ①에서 작성한 목록을 참조하여 기본실험대에 실험진행시 오차를 줄이고 측정이 유리한 위치에 각 기기 및 계측기의 설치 위치를 확인 장착한다.

그림 10-4 3상 권선형 유도전동기 무부하시험 필요장비 장착

③ 기본실험대에 장착된 사용기기의 규격은 **실험 1 기계기구 사용설명**을 참조하여 확인하고 기기의 이상 유무를 점검한다.

④ 직류전원 공급 장치의 출력전원이 차단될 수 있도록 동작여부를 확인하고 가변 전원 전압은 최소 범위인 0[V]로 조정한다.

⑤ 3상 권선형 유도전동기 무부하시험에 사용되는 전동기의 고정자 권선의 결선방법은 Y결선 또는 △결선으로 진행될 수 있다. 실험에 임하고자 하는 결선을 미리 파악하여 결선도를 미리 조정하는 방법이 바람직한 방법이다.

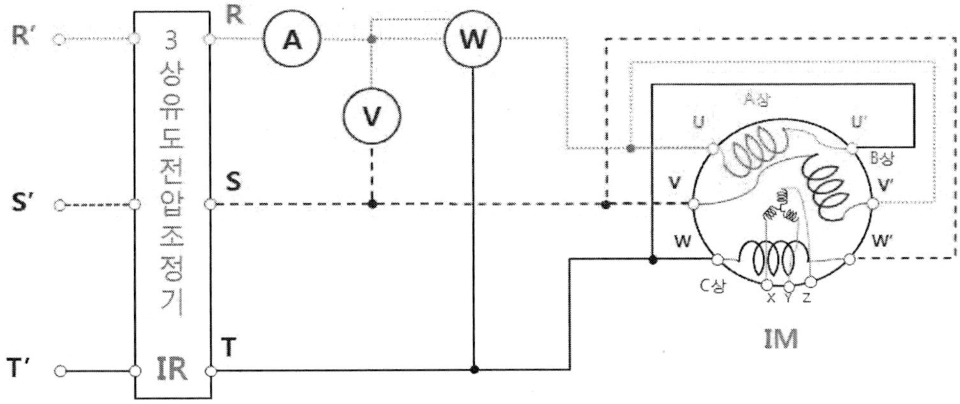

그림 10-5 계측기를 연결한 3상 권선형 유도전동기 회로도

⑥ 계측기를 접속한 3상 권선형 유도전동기 회로도를 참조하여 본인이 실험에 적당하도록 실험에 필요한 최소 계측기를 확인하고 결선에 맞도록 회로도를 수정한다.

⑦ 실험에 필요한 직류기동기 및 계측기는 별도의 교류전원을 입력해야 동작하므로 직류 전원 공급기의 고정 3상 전원 중 2상의 전원을 계측기 및 기동기의 AC 전원 단자와 접속한다.

그림 10-6 측정용 계측기기 전원 접속

⑧ 3상 유도전동기의 결선은 전원 R, S, T상에서 전동기 고정자 1차 측 R, S, T상으로 접속하면 된다. 여기서 유도전동기에 흐르는 전류 및 전압과 전력을 확인하기 위하여 교류전류계, 교류전압계, 전력계를 접속하면 된다. 아래 접속방법은 전원 R상에서 교류전류계 단상전력계를 통하여 유도전동기 R상으로 접속하면 된다.

그림 10-7 유도전동기 R상을 접속한 회로

⑨ 기본전원공급기 S상과 T상에서 3상 유도전동기의 S, T상으로 접속한다. 여기에 접속되는 전압계 및 전압계와 동일한 성질의 전력계의 PT에 해당하는 결선은 잠시 보류 한다.

그림 10-8 유도전동기 S상 및 T상을 접속한 회로

⑩ 다음으로는 전압계의 접속으로 전원 R상과 S상에 전압계를 접속하고 전력계 PT 단자에서 T상으로 접속한다.

그림 10-9 전압계 및 PT단자 접속회로

⑪ 운전에 사용된 결선방식은 △방식으로 결선하고자 한다. 유도전동기 R상 단자에서 V상 단자, S상 단자에서 W상 단자, T상 단자에서 U상 단자로 접속하면 된다.

그림 10-10 유도전동기를 △결선으로 접속한 회로

⑫ 유도전동기 2차측 접속은 저항을 직렬로 접속하는지 아니면 단락을 시켜야 고정자 측에서 유기된 자속이 회전자 측으로 전달되도록 한다.

그림 10-11 유도전동기 2차측 접속 회로

⑬ 전동기에 해당하는 결선이 완료 되었으며 발전기 측 결선은 발전기 결선이 나와 있는 [실험 07의 직류 발전기 특성]을 참조하여 완성한다.

(2) 3상 권선형 유도전동기 기동

① 직류전원공급기의 전원이 차단되어있는지 확인한다.

② 기본전원 공급기의 교류 가변전원용 전압조절기가 최소(0[V])의 위치에 놓이도록 조절한다.

③ 결선이 완료된 회로를 다른 조원이 다시 점검하고, 담당 숙련자에게 회로의 이상 유무를 확인받는다.

④ 기본전원 공급기의전원공급용 ON 스위치를 작동시켜 계측기의 전원 공급 여부를 확인한다. 교류 가변용 전원을 서서히 증가하며, 유도전동기가 정상적으로 회전하는지 확인한다. 여기에 흐르는 전류, 전압, 전력, 회전수를 확인하여 기동시 이상 유무를 확인한다. 정상운전이 되면 아래 표에 측정하여 기록한다.

공급전압	무부하 전류	전력	회전수	결선방법	기동보상기 저항 값	역률

⑤ 3상 권선형 유도전동기 및 각 계측기가 이상 없이 정상 운전하는가를 확인하여 이상이 없으면 전원을 차단하고 일정 시간이 되도록 대기한다.

⑥ 전원을 다시 공급하여 3상 권선형 유도전동기를 기동시켜 정상 전압에 도달할 때까지 전압변화에 따르는 3상 유도전동기의 변화 값을 측정 후 아래 표에 기록 정리한다.

공급전압	무부하 전류	전력	회전수	결선방법	기동보상기 저항 값	역률

⑦ 전원을 차단하고 약간의 시간이 흐르도록 대기후 2차 저항제어실험을 진행하고 아래 표에 기록 정리 한다.

기동보상기 저항 값	무부하 전류	전력	회전수	결선방법	공급전압	역률

⑧ 전원공급기의 전원을 차단하고, 실험결과를 정리한다.

⑨ 실험용 기계기구 및 계측기를 정리한다.

6 연구문제

① 실험 결과에서 무부하실험으로 구할 수 있는 회로정수를 계산하시오.

② 무부하손실에서 기계손, 철손, 동손을 분리 계산하시오.

③ 유도전동기의 기동 방법을 설명하시오.

실험 11 3상 권선형 유도전동기 부하특성 실험

1 실습목적

① 3상 유도전동기 운전 시 부하변화에 따른 출력, 효율, 역률, 슬립 등의 특성 변화를 관찰하고 이해한다.

2 사용기기 및 재료

기본 공통 사용

①	기본장치함		1대
②	전원장치	3φ 3W AC 220[V], 3[A], DC 120[V] 3[A]	1대
③	회전계	3000[rpm]	1대
④	리드선		1조

3상 권선형 유도전동기 결선용

①	3상 권선형 유도전동기	AC 220[V], 1.5[A], 1800[rpm]	1대
②	전류계	AC 3[A]	1대
③	전압계	DC 250[V]	1대
④	3상 전력계	AC 220[V] 3[A]	1대
⑤	2차 저항계		1대

직류 발전기 결선용

①	직류 발전기	DC 100[V] 1800[rpm] 400[W]	1대
②	전류계	DC 3[A]	3대
③	전압계	DC 150[V]	2대
④	계자조정기	500[Ω] 2[A]	1대
⑤	램프부하	10[W]×20EA, 200[W]	1대

3 예비지식

유도전동기는 부하 변화에 따라 역률, 효율, 슬립 등이 변화한다. 이 값들을 실측하여 이론적 계산에 의해 구한 결과와 비교할 수 있다. 부하는 전동기와 축으로 결합된 DC 발전기를 이용한다. 그림 11-1의 접속도에서 전동기의 입력 W_i, 출력W_o, 효율η, 역률$\cos\theta$, 토크(회전력)T 및 슬립 s는 다음과 같이 계산된다.

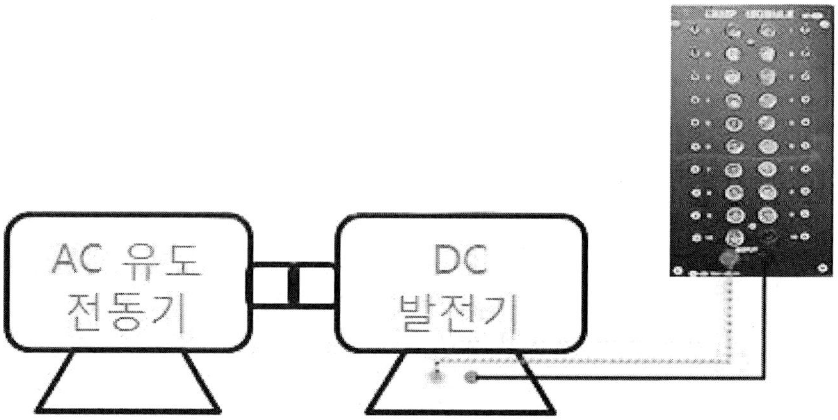

그림 11-1 유도전동기와 DC발전기 접속도

$$W_i = W_1 + W_2 \text{ [kW]} \quad (11\text{-}1)$$

$$W_o = \frac{E_d I_d}{\eta_g} \times 10^{-3} \text{ [kW]} \quad (11\text{-}2)$$

E_d : DC발전기 전압

I_d : DC발전기 전류

η_g : DC발전기의 출력이 $E_d I_d$일 때의 DC발전기 효율

$$\eta = \frac{W_o}{W_i} \times 100 \text{ [\%]} \quad (11\text{-}3)$$

$$\cos\theta = \frac{W_i}{\sqrt{3} V_1 I_1} \times 100 \text{ [\%]} \quad (11\text{-}4)$$

$$T = 975 \times \frac{W_o}{N} \text{ [kg·m]} \quad (11\text{-}5)$$

$$s = \frac{N_s - N}{N_s} \times 100 \text{ [\%]} \quad (11\text{-}6)$$

V_1 [V] : 입력전압, I_1 [A] : 입력전류,

N [rpm] : 회전수, N_s [rpm] : 동기속도

유도전동기에 실 부하를 걸고 운전을 할 때 전동기의 토크를 T[kg · m]라 하면 회전수 N[rpm]일 때 기계적 출력 P_m, 2차 출력 P_2는 다음과 같다.

$$P_m = 9.8 \times 2\pi \times \frac{NT}{60} = 1.028\,NT\ [N \cdot m] \qquad (11\text{-}7)$$

$$T = 0.975\frac{P_m}{N}\ [kg \cdot m] \qquad (11\text{-}8)$$

$$P_m = \frac{N}{N_s}P_2\ [N \cdot m] \qquad (11\text{-}9)$$

$$T = \frac{0.975P_2}{N_s}\ [kg \cdot m] \qquad (11\text{-}10)$$

즉 Torque는 2차 입력에 비례하고 동기속도에 반비례한다.

위의 식에 P_m은 기계적 에너지로 변환되는 기동력이나 실제로 그의 일부는 베어링의 마찰, 풍손 등으로 소비되고 나머지가 사실상 이용되는 기계적인 동력으로 된다.

이 출력과 1차 입력 $V_1 I_1 \cos\theta$와의 비가 효율이다. 유도전동기는 부하의 정도에 따라서 역율, 효율, 토크, 슬립 등에 변화가 있으므로 그 변화의 정도 및 성질을 이해하는 것은 전동기를 운전함에 있어서 매우 중요하다. 위의 여러 값을 실험 결과에서 다음 식에 의하여 계산할 수 있다.

$$W_i = W_1 + W_2\ [kW] \qquad (11\text{-}11)$$

$$W_o = \frac{\text{발전기의 출력}}{\text{발전기의 효율}}\ [W] \qquad (11\text{-}12)$$

$$\eta = \frac{W_o}{W_i} \times 100\ [\%] \qquad (11\text{-}13)$$

$$s = \frac{N_s - N}{N_s} \times 100\ [\%] \qquad (11\text{-}14)$$

$$T = \frac{60Pm}{9.8 \times 2\pi}\ [kg \cdot m] \qquad (11\text{-}15)$$

4 실험 시 주의사항

① 회로 결선 후 꼭 확인을 받을 것.

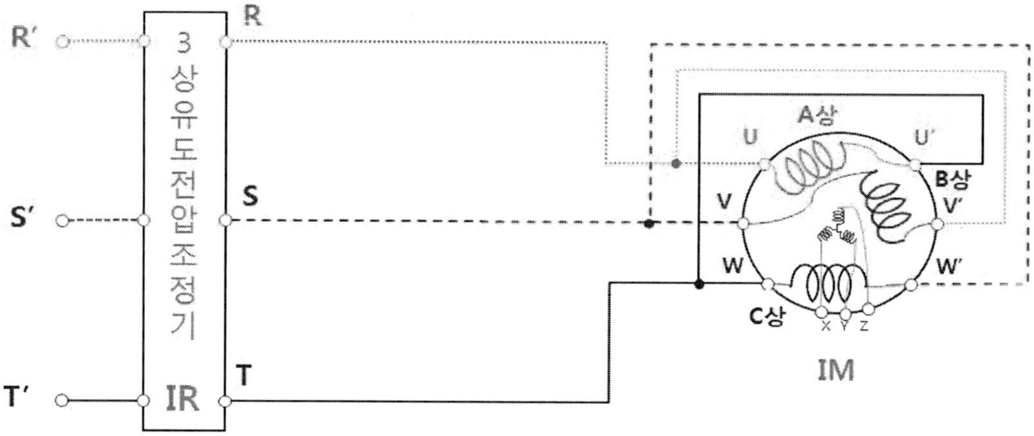

그림 11-2 3상 권선형 유도전동기 회로도

② 3상 권선형 유도전동기를 기동 시 기동직후에는 베어링의 손실이 크므로 기동 후 약간 시간이 경과한 후에 측정한다.

③ 부하용 발전기의 효율을 아는 것이면 편리하나 미지일 경우는 다시 구하여도 별 차이는 없다. 전동기를 기동할 때 기동전류가 상당히 많이 흐르므로 전력계의 전류코일, 전류계의 단자를 단락하고 기동이 된 다음에 단락 선을 제거하는 것이 안전하다.

5 실험실습방법

(1) 3상 권선형 유도전동기 부하특성 실험 결선방법

① 사용기기 및 재료 목록과 그림 11-2 3상 권선형 유도전동기 회로도를 참조하여 실험에 필요한 물품 목록을 작성한다.

그림 11-3 3상 권선형 유도전동기 부하특성시험 기본 실험대

물품명	규격	필요 수량	비고

② 실험과정 ①에서 작성한 목록을 참조하여 기본실험대에 실험진행시 오차를 줄이고 측정이 유리한 위치에 각 기기 및 계측기의 설치 위치를 확인 장착한다.

그림 11-4 3상 권선형 유도전동기 부하 특성시험 필요장비 장착

③ 기본실험대에 장착된 사용기기의 규격은 **실험 1 기계기구 사용설명**을 참조하여 확인하고 기기의 이상 유무를 점검한다.

④ 직류전원 공급 장치의 출력전원이 차단될 수 있도록 동작여부를 확인하고 가변 전원 전압은 최소 범위인 0[V]로 조정한다.

⑤ 3상 권선형 유도전동기 무부하시험에 사용되는 전동기의 고정자 권선의 결선방법은 Y결선 또는 △결선으로 진행될 수 있다. 실험에 임하고자 하는 결선을 미리 파악하여 결선도를 미리 조정하는 방법이 바람직한 방법이다.

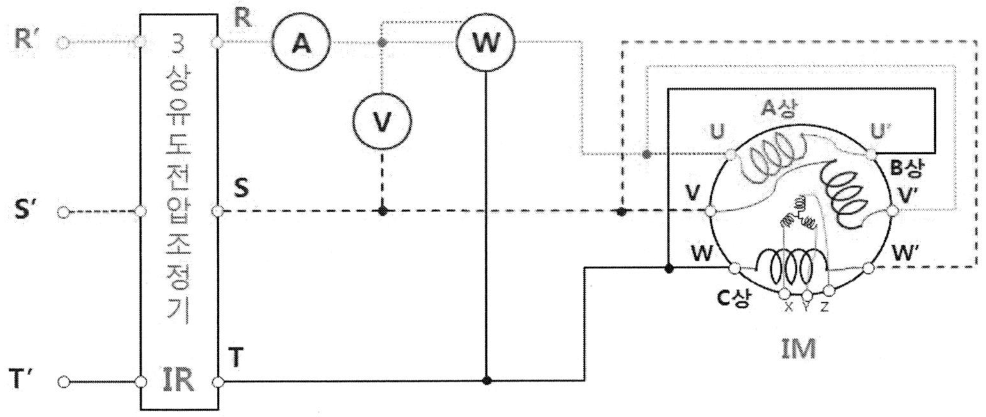

그림 11-5 계측기를 연결한 3상 권선형 유도전동기 회로도

⑥ 계측기를 접속한 3상 권선형 유도전동기 회로도를 참조하여 본인이 실험에 적당하도록 실험에 필요한 최소 계측기를 확인하고 결선에 맞도록 회로도를 수정한다.

⑦ 실험에 필요한 직류기동기 및 계측기는 별도의 교류전원을 입력해야 동작하므로 직류 전원 공급기의 고정 3상 전원 중 2상의 전원을 계측기 및 기동기의 AC 전원 단자와 접속한다.

그림 11-6 측정용 계측기기 전원 접속

⑧ 3상 유도전동기의 결선은 전원 R, S, T상에서 전동기 고정자 1차 측 R, S, T상으로 접속하면 된다. 여기서 유도전동기에 흐르는 전류 및 전압과 전력을 확인하기 위하

여 교류전류계, 교류전압계, 전력계를 접속하면 된다. 아래 접속방법은 전원 R상에서 교류전류계 단상전력계를 통하여 유도전동기 R상으로 접속하면 된다.

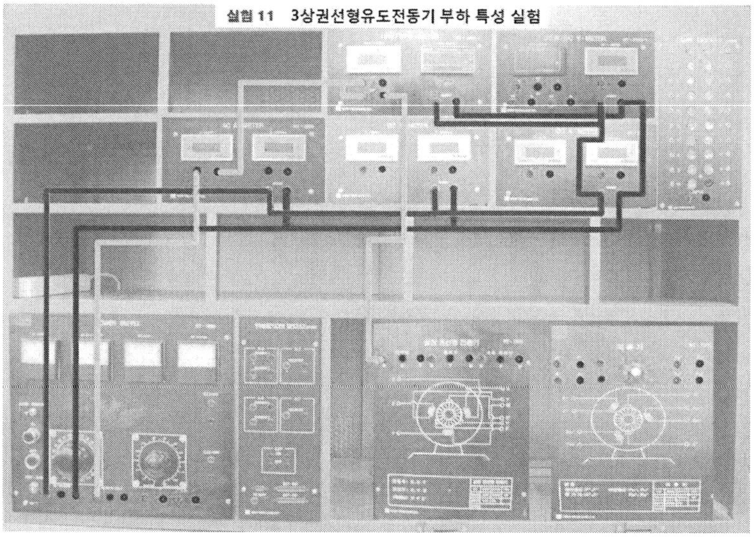

그림 11-7 유도전동기 R상을 접속한 회로

⑨ 기본전원공급기 S상과 T상에서 3상 유도전동기의 S, T상으로 접속한다. 여기에 접속되는 전압계 및 전압계와 동일한 성질의 전력계의 PT에 해당하는 결선은 잠시 보류 한다.

그림 11-8 유도전동기 S상 및 T상을 접속한 회로

⑩ 다음으로는 전압계의 접속으로 전원 R상과 S상에 전압계를 접속하고 전력계 PT 단자에서 T상으로 접속한다.

그림 11-9 전압계 및 PT단자 접속회로

⑪ 운전에 사용된 결선방식은 △방식으로 결선하고자 한다. 유도전동기 R상 단자에서 V상 단자, S상 단자에서 W상 단자, T상 단자에서 U상 단자로 접속하면 된다.

그림 11-10 유도전동기를 Y결선으로 접속한 회로

⑫ 유도전동기 2차측 접속은 저항을 직렬로 접속하는지 아니면 단락을 시켜야 고정자 측에서 유기된 자속이 회전자 측으로 전달되도록 한다.

그림 11-11 유도전동기 2차측 접속 회로

⑬ 전동기에 해당하는 결선이 완료 되었으며 발전기 측 결선은 발전기 결선이 나와 있는 [실험 07의 직류 발전기 특성]을 참조하여 아래와 같이 완성한다.

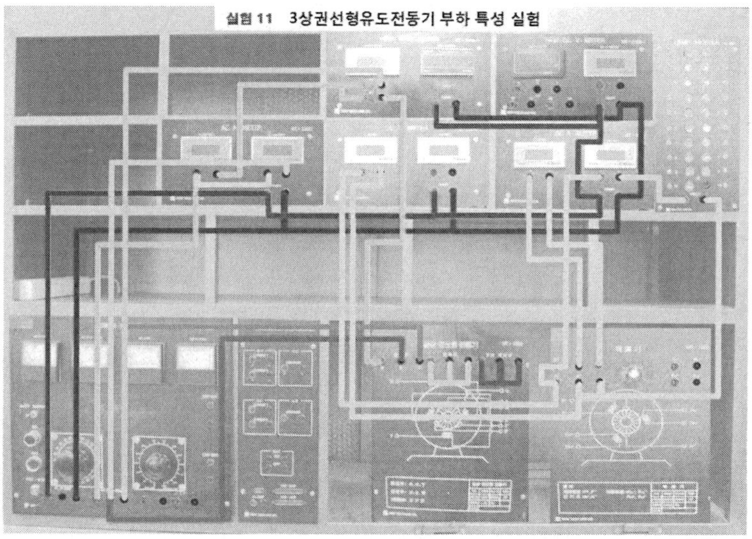

그림 11-12 유도전동기 부하실험 최종 접속 회로

(2) 3상 권선형 유도전동기 기동 실험

① 직류전원공급기의 전원이 차단되어있는지 확인한다.

② 기본전원 공급기의 교류 가변전원용 전압조절기가 최소(0[V])의 위치에 놓이도록 조절한다.

③ 결선이 완료된 회로를 다른 조원이 다시 점검하고, 담당 숙련자에게 회로의 이상 유무를 확인받는다.

④ 기본전원 공급기의전원공급용 ON 스위치를 작동시켜 계측기의 전원 공급 여부를 확인한다. 교류 가변용 전원을 서서히 증가하며, 유도전동기가 정상적으로 회전하는지 확인한다. 여기에 흐르는 전류, 전압, 전력, 회전수를 확인하여 기동시 이상 유무를 확인한다. 정상운전이 되면 아래 표에 측정하여 기록한다.

공급전압	무부하 전류	전력	회전수	결선방법	기동보상기 저항 값	역률

⑤ 3상 권선형 유도전동기 및 각 계측기가 이상 없이 정상 운전하는가를 확인하여 이상이 없으면 전원을 차단하고 일정 시간이 되도록 대기한다.

⑥ 전원을 다시 공급하여 3상 권선형 유도전동기를 기동시켜 정상 전압에 도달할 때까지 전압변화에 따르는 3상 유도전동기의 변화 값을 측정 후 아래 표에 기록 정리한다.

공급전압	무부하 전류	전력	회전수	결선방법	기동보상기 저항 값	역률

⑦ 전원을 차단하고 약간의 시간이 흐르도록 대기후 2차 저항제어실험을 진행하고 아래 표에 기록 정리 한다.

기동보상기 저항 값	무부하 전류	전력	회전수	결선방법	공급전압	역률

⑧ 전원공급기의 전원을 차단하고 실험결과를 정리한다.

(2) 3상 권선형 유도전동기 부하특성실험

① 실험 ①의 3상 권선형 유도전동기 기동 실험을 진행 한다.

② 발전기용 계자저항의 값을 최대값 방향(시계방향)으로 돌려놓은 후 서서히 가변하여 정격출력 전압인 DC 100[V]가 되도록 조절한다.

③ 유도전동기가 정상 운전을 확인하고 발전기 측에 접속되어있는 부하를 증가함에 따라 변화하는 전압, 전류, 회전수 등을 측정하여 표에 기록 정리한다.

유도전동기					직류 발전기				회전수
전압[V]	전류[A]	전력 W1	전력 W2	역률	V [V]	I_a [A]	I_f [A]	I [A]	

④ 전원공급기의 전원을 차단하고 실험결과를 정리한다.

⑤ 실험용 기계기구 및 계측기를 정리한다.

6 연구문제

① 수식 상의 특성곡선과 이 실험에서 얻은 결과를 비교하여 보시오.

② 속도 특성곡선을 그리시오.

③ 횡축을 출력 Pm으로 하고, 종축을 각각 효율 η, 전류 I, 역률 $\cos\theta$, Torque T, slip s로 하여 graph를 그리고 검토하시오.

실험 12 단상변압기의 권수비 측정 및 극성Test

1 실험목적

① 단상 변압기의 극성을 알게 된다.

② 변압기의 권수비를 측정할 수 있다.

③ 변압기의 권선저항, 절연저항 측정법을 익힌다.

2 사용기기 및 재료

기본 공통 사용

①	기본장치함		1대
②	전원장치	3φ 3W AC 220[V], 3[A], DC 120[V] 3[A]	1대
③	리드선		1조

단상변압기의 권수비 측정 및 극성Test 결선용

①	단상변압기	AC 220[V]/110[V], 500[W]	1대
②	전류계	AC 3[A]	1대
③	전압계	AC 250[V]	3대
④	전류계	DC 3[A]	1대
⑤	전압계	DC 110[V]	1대

3 예비지식

(1) 변압기의 권수비

단상변압기의 1차 및 2차권선의 권수를 N_1, N_2, 유도기전력을 E_1, E_2라 하면 권수비(변압비) a는 다음과 같다.

$$a = \frac{N_1}{N_2} = \frac{E_1}{E_2} \qquad (12\text{-}1)$$

또한 변압기를 무부하로 접속할 때 1차 및 2차 단자전압을 V_{10}, V_{20}이라 하면 $V_{10} \simeq E_1$, $V_{20} \simeq E_2$이 되어 위 식에서 권수비는 변압비와 거의 같아 식 (12-2)에서 구할 수 있다.

$$a = \frac{E_1}{E_2} \simeq \frac{V_{10}}{V_{20}} \qquad (12\text{-}2)$$

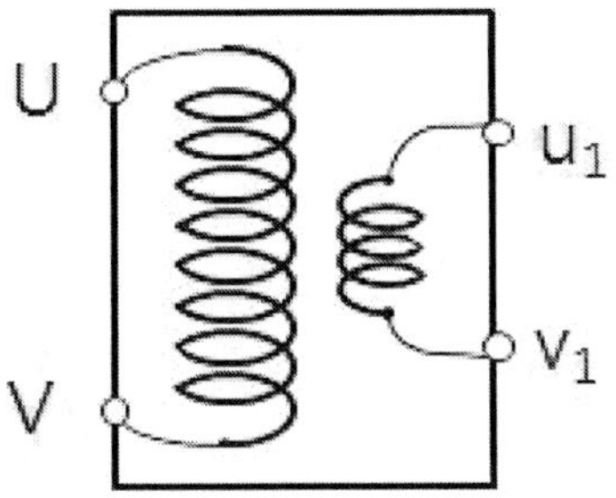

(a) 감극성

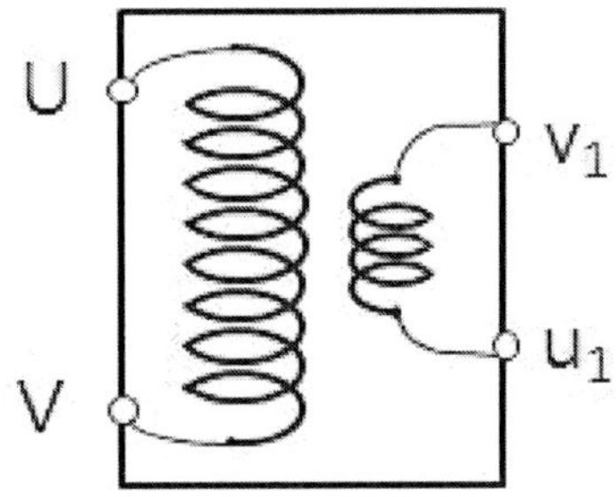

(b) 가극성

그림 12-1 변압기의 극성실험

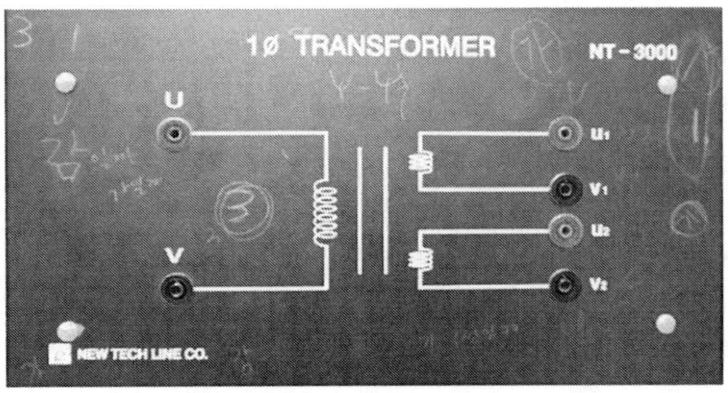

그림 12-2 변압기 실제 극성

(2) 변압기의 극성

단상변압기의 1차 단자에 교류전압을 가했을 때 그림 12-1의 (a)와 같이 외상(casing)의 같은 쪽에 있는 고압단자·저압단자의 극성이 같아지도록 하는 것을 감극성 변압기, 그리고 그림 12-1의 (b)와 같이 서로 다른 극성이 되는 것을 가극성 변압기라 하는데 KS에서는 감극성 변압기를 표준으로 정하고 있다. 그것을 판정하는 방법은 다음과 같다.

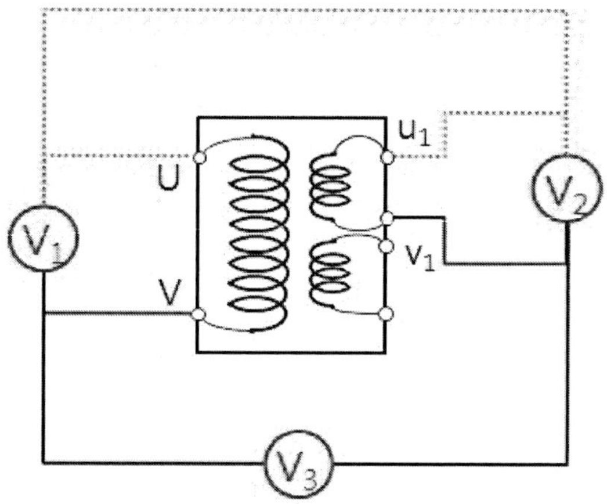

그림 12-3 단상 변압기 극성시험 회로도

※ 전압계 3대를 이용하는 방법

그림 12-2에서 $V_3 = V_1 - V_2$일 때에는 감극성, $V_3 = V_1 + V_2$일 때에는 가극성 변압기로 판정된다.

(3) 단상변압기의 권선저항 및 절연저항 측정

단상변압기의 1차와 2차의 권선저항 측정은 직류를 사용하여 전압강하법에 의한 측정법이 좋으므로 여기서는 전압강하법을 사용한다.

절연저항은 1차간과 2차간, 1차 및 2차와 외함 간에 절연정도를 절연저항계에 의하여 측정한다. 변압기 권선의 저항은 동손, 전압변동률 또는 온도상승을 계산하기 위하여 그 값을 알아두는 것이 필요하다.

4 실험 시 주의사항

① 변압기 실험하기 이전 각 권선의 두 단자를 리드 선으로 잠시 단락시켰다가 제거할 것.

② 전압강하법에 의하여 변압기의 1차권선, 2차권선의 저항을 3회 이상 반복하여 측정하고 그 평균값을 기록한다.

③ 절연저항은 Megger의 양단자를 1차권선간, 2차권선간 또는 1차, 2차 권선과 외함 간에 접속시키고 3회 이상 반복하여 그 평균값을 기록한다.

5 실험실습방법

① 단상변압기에 전원 공급 장치(단상유도전압조정기, 또는 슬라이닥스)를 연결 후 입력전압(교류 3상 3선식 220[V])을 연결한다. 출력단자전압 직류 100[V], 5[A] 및 3상 교류 220[V], 2.5[A]의 이상 여부를 확인한다.

② 직류전원 공급 장치의 출력 전원은 차단하고 가변 전원의 전압은 0[V]로 조정한다. (전압강하법에 의한 1차, 2차 권선저항 측정용)

③ 전압조정기(슬라이닥스 입력전압110[V], 출력전압 0~130[V])를 연결한다.

④ 계측기로는 AC 전류계(0~5[A]) 1대, AC 전압계(0~250[V]) 3대를 연결한다.

⑤ 전압계를 사용한 변압기의 극성시험을 하기 위하여 그림 12-4의 결선도를 참고하여 결선한다.

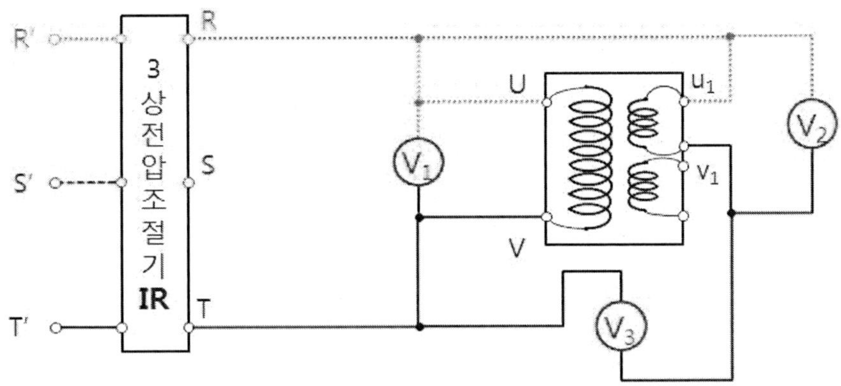

그림 12-4 단상 변압기 극성시험 결선도

⑥ 변압기의 결선이 끝나면 다시 확인하고, 이상 유무를 검사를 받는다.

⑦ 전압조정기의 전압을 AC 50[V]로 조정한 후 전원을 공급하여 V_1, V_2, V_3의 전압을 측정하여 표 12-1에 기록하고, 감극성 및 가극성 여부를 확인한다.

⑧ 전압조정기의 전원을 차단 후 전압조정기의 전압을 조절하여 다시 실험 (7)과정을 반복한다.

⑨ 위의 실험방법으로 3대의 변압기 모두 변압기 한 대당 3번씩 전압을 변경하면서 측정하여 표 12-1에 기록한다.

⑩ 전압조정기의 전원을 차단하고 변압기의 권수비를 측정하기 위해서 그림 12-4의 결선도를 참고하여 결선한다.

⑪ 전압조정기의 전압을 AC 50에서 100[V] 사이로 조정하면서 전원을 투입하여 V_1, V_2의 전압을 측정하여 표 12-2에 기록하고 위 식 (12-2)를 사용하여 권수비를 구한다.

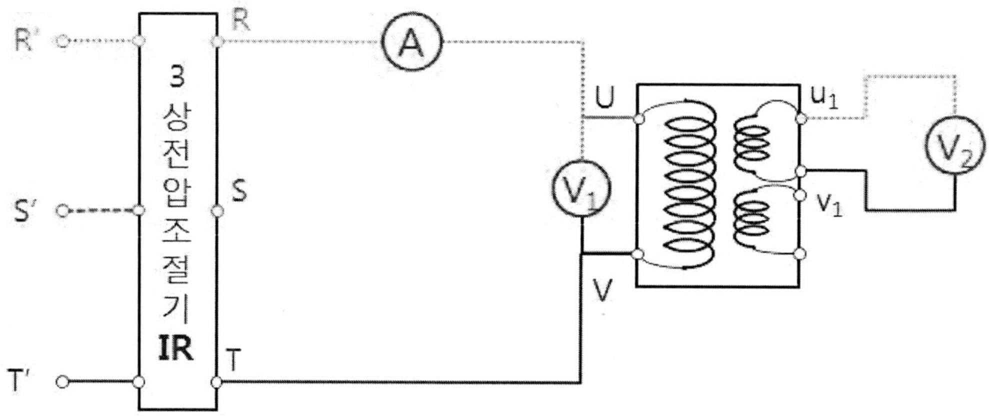

그림 12-5 변압기의 권수비 측정

⑫ 전압강하법을 이용하여 1차, 2차 권선의 저항을 측정하고 그 결과를 표 12-3에 기록한다.

⑬ 전원공급기의 전원을 차단하고, 실험결과를 정리한다.

⑭ 실험용 기계기구 및 계측기를 정리한다.

6 실험결과

표 12-1 변압기의 극성실험

변압기 정격	전압[V]			$V_3=V_1\pm V_2$	극성 판정
	V_1 [V]	V_2 [V]	V_3 [V]		

표 12-2 변압기의 권수비측정

변압기 정격	전압[V]		$a = \frac{N_1}{N_2} = \frac{E_1}{E_2}$	비고
	V_1 [V]	V_2 [V]		

표 12-3 권선저항측정

변압기 정격	전압 V [V]	전류 I [A]	권선저항		비고
			1차	2차	

표 12-4 절연저항측정

변압기 정격	권선절연저항 [MΩ]		권선-외함절연저항[MΩ]		1차와 2차 절연저항 [MΩ]
	1차	2차	1차	2차	

7 연구문제

① 변압기극성 및 그 표시법에 관한 KS의 규정을 조사하여라.

② 변압기극성시험은 어떤 경우에 필요한지 설명하여라.

③ 변압기 실험 시 고압측(U,V)에 전원전압을 가하는 이유를 설명하여라.

④ 직류저항과 교류저항의 차이를 설명하여라.

⑤ 전압강하법에 의하여 권선의 인덕턴스를 측정하는 방법을 설명하여라.

실험 13 단상변압기의 무부하특성 및 단락특성

1 실험목적

① 변압기의 여자전류와 철손이 전압 변화에 따라 어떻게 변화하는가를 관찰할 수 있다.

② 변압기의 무부하특성을 이해하고 철손, 무부하 역률, 여자어드미턴스의 계산방법을 알게 된다.

③ 변압기의 단락특성을 이해하고 동손, 임피던스전압강하, 전압변동률, 효율의 계산방법을 알게 된다.

2 사용기기 및 재료

기본 공통 사용

①	기본장치함		1대
②	전원장치	3φ 3W AC 220[V], 3[A], DC 120[V] 3[A]	1대
③	리드선		1조

단상변압기의 권수비 측정 및 극성Test 결선용

①	단상변압기	AC 220[V]/110[V], 500[W]	1대
②	전류계	AC 3[A]	2대
③	전압계	AC 250[V]	2대
④	단상전력계	AC 250[V], 3[A]	1대

3 예비지식

(1) 무부하특성

① 무부하손

그림 13-1과 같이 1차측(고압측)을 개방하고 2차측(저압측)의 저압단자에 정격주파수의 정격전압 V_2 [V]을 가하여 흐르는 전류를 I_0 [A], 무부하역율 $\cos\theta_0$로 하면, 무부하손 P_0 [W]는 다음 식으로 표시된다.

$$P_0 = V_2 I_0 \cos\theta_0 \text{ [W]} \tag{13-1}$$

무부하 역율 $\cos\theta_0$는

$$\cos\theta_0 = \frac{P_0}{V_2 I_0} \times 100 \text{ [\%]} \tag{13-2}$$

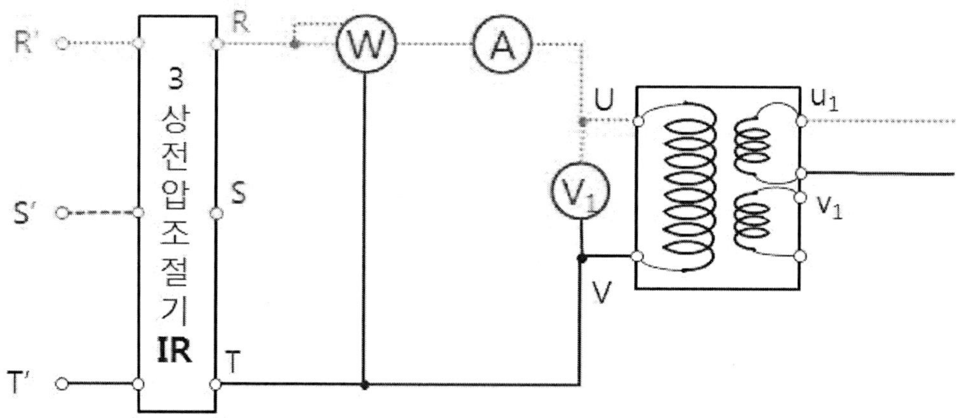

그림 13-1 변압기 무부하특성 실험회로

그리고 무부하손(P_0)은 철손(P_i)외에 무부하동손(P_c)과 유전체손(P_d)등이 포함되어 있으나, 이들은 철손(P_i)에 비하여 극히 적으므로 이를 무시하면 무부하손(P_0)≒철손(P_i)으로 볼 수도 있다. 철손과 동손은 다음 식과 같이 계산된다.

$$P_i = P_o - P_c \tag{13-3}$$

$$P_c = I_0^2 r_2 \tag{13-4}$$

② 여자어드미턴스의 계산

2차측으로 환산한 근사등가회로의 여자어드미턴스 Y_0 (g_0, b_0)는 다음 식으로 계산된다.

$$Y_0 = \frac{I_0}{V_0} \quad (13\text{-}5)$$

$$g_0 = \frac{P_0}{V_2} \quad (13\text{-}6)$$

$$b_0 = \sqrt{Y_0^2 - g_0^2} \quad (13\text{-}7)$$

(2) 단락특성

① 부하손

그림 13-2과 같이 변압기의 2차측 단자(저압측)를 단락하여 폐회로로 하고 1차측(고압측)에 정격주파수의 정격전압 3~7[%] 정도의 낮은 전압 V_1[V]를 인가하여 정격전류 I_1[A]와 동등한 단락전류를 흐르게 했을 때, 전력계의 지시값인 부하손 P_s와 단락 역률 $\cos\theta_s$는 다음과 같다.

$$P_s = V_1 I_1 \cos\theta_s \text{[W]} \quad (13\text{-}8)$$

$$\cos\theta_s = \frac{P_s}{V_1 I_1} \times 100[\%] \quad (13\text{-}9)$$

이때 부하손 P_s를 임피던스와트, θ_s를 임피던스각, V_1을 임피던스전압이라 한다.

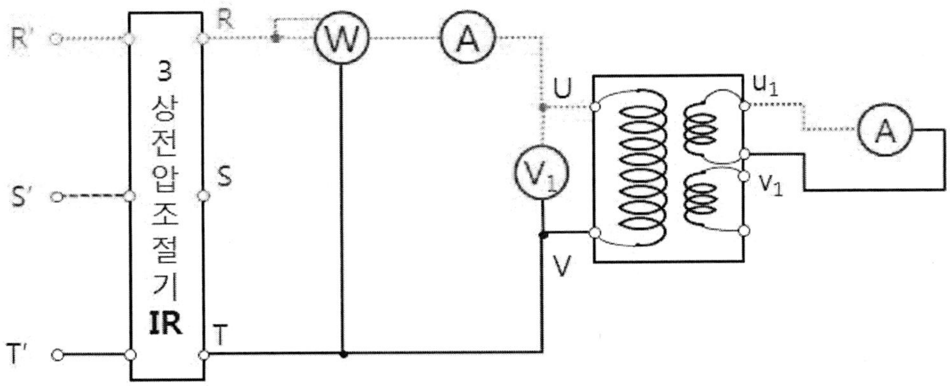

그림 13-2 변압기 단락특성 실험 결선도

(3) 부하손의 보정

전압변동율, 효율 등은 75[℃]의 값이 표준이므로 임의의 온도 t[℃]에서의 부하손 P_t는 다음 식으로 환산한다.

$$P_T \fallingdotseq P_t \left(\frac{234.5 + 75}{234.5 + t}\right) \tag{13-9}$$

P_T[W] : 기준온도 75[℃]에 보정한 부하손

P_t [W] : t[℃]에서 부하손

(4) 전압변동률

역률 $\cos\theta$에서의 전압변동율 ϵ[%]은 다음과 같다.

$$\epsilon \fallingdotseq p\cos\theta + q\sin\theta \ [\%] \tag{13-10}$$

$$p = \frac{P_T}{V_1 I_1} \times 100 \ [\%]$$: 백분율 저항전압강하

$$q = \frac{X I_1}{V_1 I_1} \times 100$$: 백분율 리액턴스전압강하

$$= \sqrt{(V_1/I_1)^2 - (P_T/V_1 I_1)^2} \ [\%]$$

(5) 규약효율

변압기의 2차 전압을 V_2, 부하전류를 I_2라 하고 P_0를 무부하손, $\cos\theta_2$를 부하의 역률이라고 하면 규약효율 η는 다음 식으로 계산된다.

$$\eta = \frac{2\text{차출력}}{2\text{차출력} + \text{부하손} + \text{무부하손}} \times 100 [\%] \tag{13-11}$$

$$= \frac{V_2 \ I_2 \cos\theta_2}{V_2 \ I_2 \cos\theta_2 + P_T + P_0} \times 100 [\%]$$

4 실험 시 주의사항

① 공급전압을 변압기의 2차측(저압측)에 공급할 때는 1차측(고압측)에 고전압이 유기되므로 1차측 단자에의 접촉 또는 단락에 각별히 주의할 것.

② ※ 단락특성 측정시에 권선에 과도한 전류가 흐르지 않도록 공급전압을 0[V]에서부터 서서히 증가시키면서 전류계를 주시할 것. 정격전류를 반드시 확인할 것!

5 실험실습방법

① 변압기에 전원 공급 장치를 연결 후 입력전압(교류 3상 3선식 220[V])을 연결하고 출력단자전압 직류 100[V], 5[A] 및 3상 교류 220[V], 2.5[A]의 이상 여부를 확인한다.

② [1]전압조정기(슬라이닥스 입력전압110[V], 출력전압 0~130[V])를 연결한다.

③ 계측기로는 AC 전류계(0~5[A]) 2대, AC 전압계(0~250[V]) 2대를 연결한다.

④ 우선 실험에 사용할 변압기의 1차 및 2차의 권선저항을 전압강하법을 이용하여 측정한다.

⑤ 변압기의 무부하특성 실험을 하기 위하여 그림 13-3의 결선도를 참고하여 결선한다. (그림 13-5의 결선도는 부하특성 실험회로임.)

⑥ 변압기의 결선이 끝나면 다시 확인하고 이상 유무를 검사를 받는다.

⑦ 전압조정기의 전압을 AC 0~110[V]로 조절하면서 각 계기의 변화 값을 측정하여 표 13-1에 기록한다.

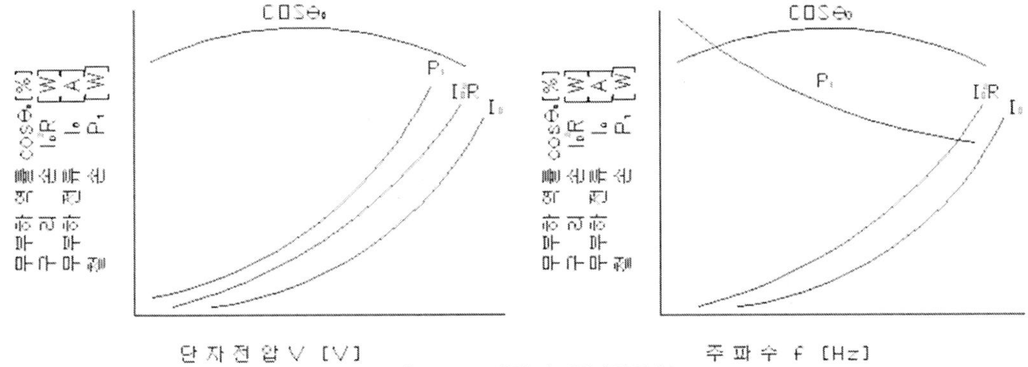

그림 13-3 변압기 무부하특성

참고 1) 입력 전원은 전원공급기의 3상 전원 중 S상의 전원을 제거하고 사용 하여도 가능하다 그러나 변압기의 입력전압이 AC 110[V] 인 관계로, 전원 공급기의 출력 전압이 변압기의 정격을 상위하는 220[V] 이므로 변압기의 입력 전원으로 사용 시에 변압기의 소손 위험이 있으므로 주의하여야 한다.

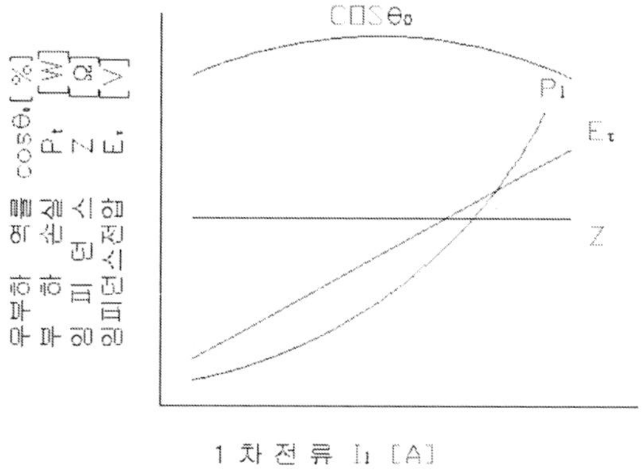

그림 13-4 변압기 단락특성

⑧ 전압조정기의 전원을 차단하고 단락특성실험을 하기 위하여 그림 13-2의 결선도를 참고하여 결선한다.

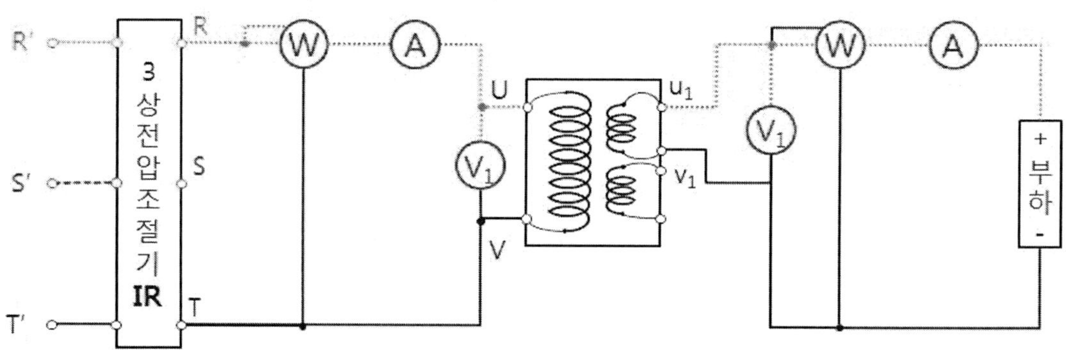

그림 13-5 변압기 부하특성실험 결선도

⑨ 변압기의 결선이 끝나면 다시 확인하고 이상 유무를 검사를 받는다.

⑩ 전압조정기의 전압을 AC 0[V]부터 조절하면서 각각의 전류계의 변화 값에 주의하면서 측정하여 표 13-2에 기록한다.

⑪ 전압조정기의 전원을 차단하고 변압기의 부하특성실험을 하기 위하여 그림 13-5의 결선도를 참고하여 결선한다. (부하는 단상용 램프사용)

⑫ 변압기의 결선이 끝나면 다시 확인하고, 이상 유무를 검사를 받는다.

⑬ 전압조정기의 전압을 AC 50~100[V]까지 조정하면서 각 계측기의 변화 값을 측정하여 표 13-3에 기록한다.

⑭ 전원공급기의 전원을 차단하고, 실험결과를 정리한다.

⑮ 실험용 기계기구 및 계측기를 정리한다.

6 실험결과

표 13-1 변압기의 무부하특성실험

공급전압 V_2	무부하 전류 I_0 [A]	무부하손 P_0 [W]	무부하동손 $P_0 = I_0^2 r_2 [W]$	철손 $P_1 = P_0 - p[W]$	무부하역률 $\cos\theta_0 = \frac{P_0}{V_1 I_1}$ [%]	Y_0	g_0	b_0

표 13-2 변압기의 단락특성

impedance전압		1차전류		$Z = \frac{V_1}{I_1}$ [Ω]	부하손 P_s [W]	역률 $\cos\theta_s = \frac{P_s}{V_1 I_1}$ [%]	2차전류 I_2[A]
V_1[V]	%정격 전 압	I_1[A]	%정격 전 류				

표 13-3 변압기의 전압변동율 · 효율 계산

백분율 저항전압강하	백분율 리액턴스전압강하	전압변동율	효 율

표 13-4 변압기의 부하특성실험

1차전압 V_1[V]	1차전류 I_1[A]	1차전력 W_1[A]	2차전압 V_2[V]	2차전류 I_2[A]	2차전력 W_2[A]	역률	효율

7 연구문제

① 무부하특성 실험과 단락특성 실험에서 얻은 실험 결과에 의해서 손실, 출력, 효율의 특성곡선을 그려라.

② 단락특성 실험에서 1차측(고압측)에 공급전압을 정격전압의 3~7[%] 정도로 낮게 가하는 이유를 설명하여라.

실험 14 단상변압기의 3상 결선

1 실험목적

① 단상변압기를 여러 대 사용해서 다양한 3상 결선 방법을 이해한다.
② 상전압과 선간전압의 관계를 이해한다.
③ 각변위에 관해서 조사하고 이해한다.

2 사용기기 및 재료

기본 공통 사용

①	기본장치함		1대
②	전원장치	3φ 3W AC 220[V], 3[A], DC 120[V] 3[A]	1대
③	리드선		1조

단상변압기의 권수비 측정 및 극성Test 결선용

①	단상변압기	AC 220[V]/110[V], 500[W]	1대
②	전류계	AC 3[A]	2대
③	전압계	AC 250[V]	2대
④	단상전력계	AC 250[V], 3[A]	1대

3 예비지식

일반적으로 3상 변압기 1대를 사용하는 대신에 단상변압기 3대를 3상 결선하여 사용하는 것이 설치비는 고가이나 사용상 여러 가지 면에서 유리하다. 예를 들어 한 상이 고장 나는 경우 3상 변압기를 사용하면 전체를 사용할 수 없으나, 단상변압기 3대를 사용하는 경우에는 나머지 2상은 사용이 가능하다.

단상변압기를 사용한 3상 결선 방법은 다음의 표 14-1에서와 같이 다양하며 벡터도와 전압 관계는 다음과 같다.

3상 결선법에 의한 1차 및 2차 전압의 관계를 벡터도로 나타내면 그림 14-1, 그림 14-2, 그림 14-3, 그림 14-4와 같이 된다.

단, 1차 선간전압은 $V_{AB} = V_{BC} = V_{CA} = V_1$ [V]

상전압은 $E_A = E_B = E_C = E_1$ [V]

2차 선간전압은 $V_{ab} = V_{bc} = V_{ca} = V_2$ [V]

상전압은 $E_a = E_b = E_c = E_2$ [V] 로 한다.

또 각변위는 대응하는 1차 선간전압과 2차 선간전압의 위상각을 나타내는 것이다.

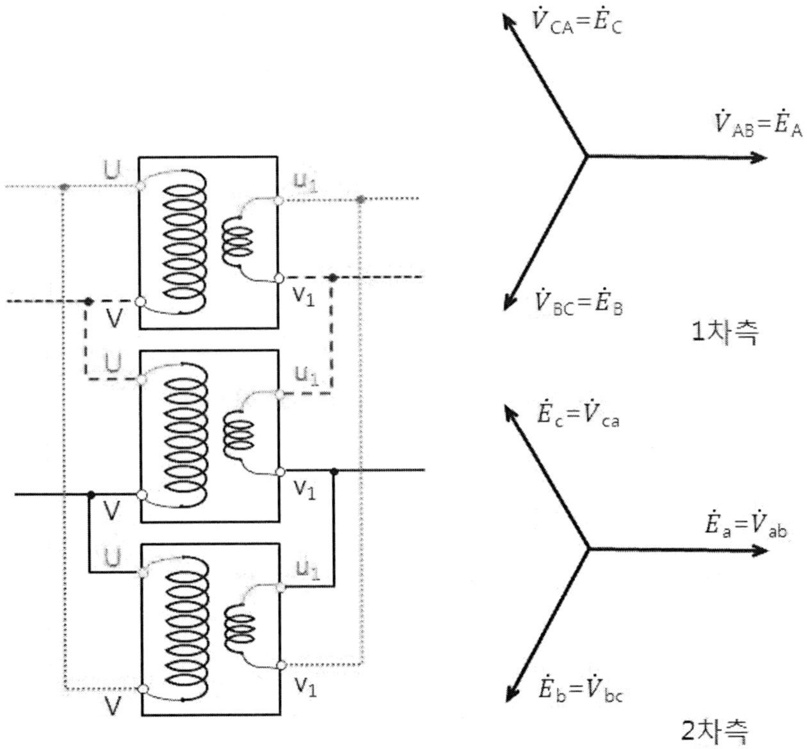

그림 14-1 △-△결선 (각변위 $\theta = 0^o$)

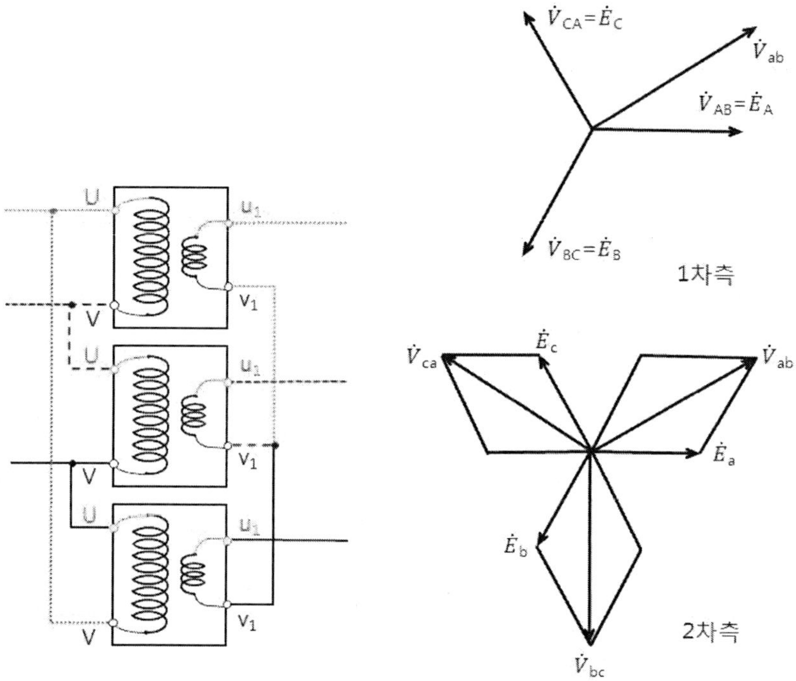

그림 14-2 △-Y결선 (각변위 $\theta = 30^o$)

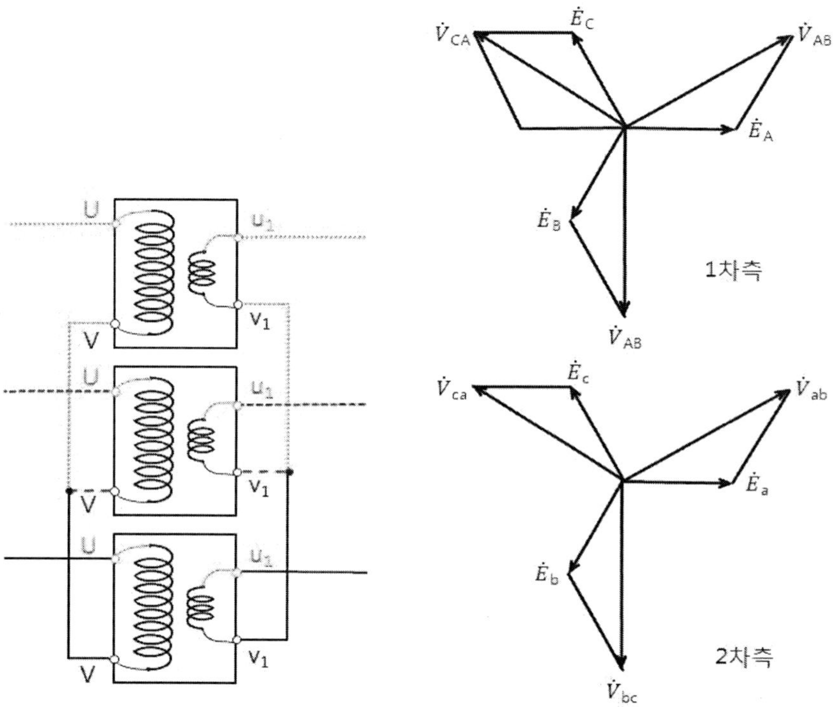

그림 14-3 Y-Y 결선(각변위 $\theta = 0^o$)

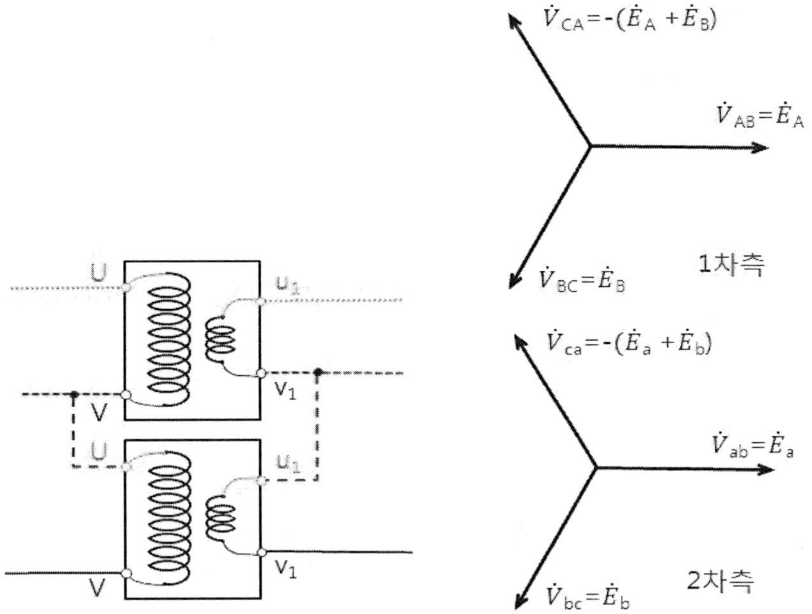

그림 14-4 V 결선

표 14-1 3상 결선의 전압

결선법	1차 선간전압	1차 상전압	2차 상전압	2차 선간전압	각변위
Y − Y Y − Y	V_1	$E_1=\frac{V_1}{\sqrt{3}}$	$E_2=\frac{E_1}{a}=\frac{V_1}{\sqrt{3}\,a}$	$V_2=\sqrt{3}E_2=\frac{V_1}{a}$	0° 180°
Y − △ Y − V	V_1	$E_1=\frac{V_1}{\sqrt{3}}$	$E_2=\frac{E_1}{a}=\frac{V_1}{\sqrt{3}\,a}$	$V_2=E_2=\frac{V_1}{\sqrt{3}\,a}$	30° −150°
△ − △ △ − V	V_1	$E_1=V_1$	$E_2=\frac{E_1}{a}=\frac{V_1}{a}$	$V_2=E_2=\frac{V_1}{a}$	0° 180°
V	V_1	$E_1=V_1$	$E_2=\frac{E_1}{a}=\frac{V_1}{a}$	$V_2=E_2=\frac{V_1}{a}$	0°

4 실험 시 주의사항

① 권선 접속 시 극성에 의한 단락에 각별히 주의할 것.

5 실험실습방법

① 변압기에 전원 공급 장치를 연결한 후 입력전압(교류 3상 3선식 220[V])을 연결하고 출력단자전압 직류 100[V], 5[A] 및 3상 교류 220[V], 2.5[A]의 이상 여부를 확인한다.

② [2)]전압조정기(슬라이닥스 입력전압110[V], 출력전압 0~130[V])를 장착한다.

③ 계측기로는 AC 전압계(0~250[V]) 3대를 설치한다.

④ 실험에서 3상 결선을 하기 위해 사용할 3대의 단상변압기에 대하여는 실험 13에서의 극성실험 방법에 따라 극성을 측정한다.

⑤ 그림 14-1의 △－△ 결선도를 참고하여 결선한다.

⑥ 단상변압기의 △－△ 결선이 끝나면 결선방법을 다시 확인하고 이상 유무를 검사를 받는다.

⑦ 변압기 1차측에 삼상 3선식의 전원을 인가하여 표 14-2의 1차측 및 2차측의 상전압과 선간전압을 측정하여 기록한다.

⑧ 전원을 차단하고 그림 14-2의 △－Y 결선도를 참고하여 결선한다.

⑨ 단상변압기의 △－Y 결선이 끝나면 결선방법을 다시 확인하고 이상 유무를 검사를 받는다.

⑩ 변압기 1차측에 3상 3선식의 전원을 인가하여 표 14-2의 1차측 및 2차측의 상전압과 선간전압을 측정하여 기록한다.

⑪ 전원을 차단하고 그림 14-2의 Y－Y 결선도를 참고하여 결선한다.

⑫ 단상변압기의 Y－Y 결선이 끝나면 결선방법을 다시 확인하고 이상 유무를 검사를 받는다.

⑬ 변압기 1차측에 3상 3선식의 전원을 인가하여 표 14-2의 1차측 및 2차측의 상전압과 선간전압을 측정하여 기록한다.

⑭) 전원을 차단하고 그림 14-2의 V 결선도를 참고하여 결선한다.

⑮ 단상변압기의 V 결선이 끝나면 결선방법을 다시 확인하고 이상 유무를 검사를 받는다.

참고 2) 입력 전원은 전원공급기의 3상 전원중 S상의 전원을 제거하고 사용 하여도 가능하다 그러나 변압기의 입력전압이 AC 110[V] 인 관계로, 전원 공급기의 출력 전압이 변압기의 정격을 상위하는 220[V] 이므로 변압기의 입력 전원으로 사용 시 변압기의 소손 위험이 있으므로 주의하여야 한다.

⑯ 변압기 1차측에 삼상 3선식의 전원을 인가하여 표 14-2의 1차측 및 2차측의 상전압과 선간전압을 측정하여 기록한다.
⑰ 전원을 차단하고 실험결과를 정리한다.
⑱ 실험용 기계기구 및 계측기를 정리한다.

6 실험결과

표 14-1단상변압기의 3상 결선

결선법	1차 선간전압 V_1 [V]	1차 상전압 E_1 [V]	2차 상전압 E_2 [V]	2차 선간전압 V_2 [V]	각변위θ
$\triangle - \triangle$ 결선					
$\triangle - Y$ 결선					
$Y - Y$ 결선					
V 결선					

7 연구문제

① 단상변압기 3대를 Y − Y 결선 시 2차 전압이 변형되는 이유를 설명하시오.
② V 결선한 변압기에 3상 평형부하를 가하고 각 변압기의 출력과 부하출력과의 관계를 조사하여, 이용률이 86.6[%]임을 설명하시오.
③ 단상변압기의 3상 결선 시 고려해야 할 사항은 무엇인지 설명하시오.
④ 변압기를 병열운전을 행할 때 고려해야 할 조건을 설명하시오.

실험 15 단상유도전동기 실험

1 단상유도전동기의 원리

3상 유도전동기는 3상 전류에 의해 발생되는 고정자의 원형 회전자계와 이에 의해 회전자에 유도된 2차 전류 사이에 회전력이 발생되는 전동기이다.

단상유도전동기의 1차 권선인 고정자의 권선은 단상권선이다. 따라서 1차 권선에 단상교류가 흐르면 권선의 축 방향으로 크기가 변화하는 교번자계만 발생되므로 기동토크가 발생하지 않으며 전동기는 기동할 수 없다.

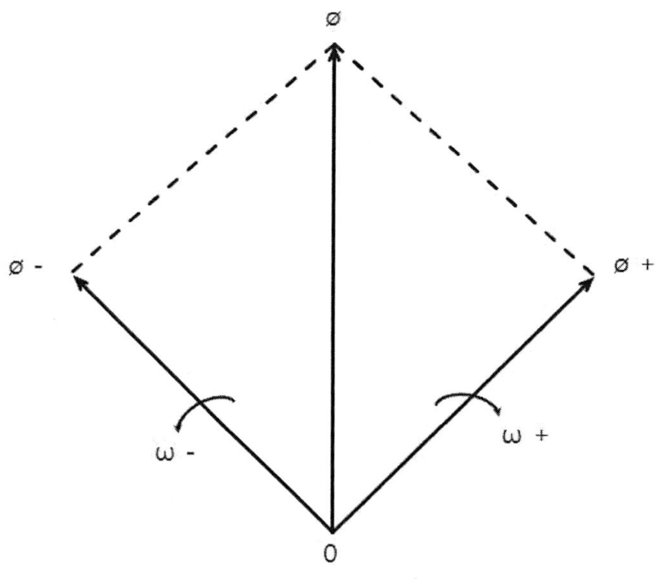

그림 15-1 교번자속의 분해

단상유도전동기의 1차 권선이 만드는 교번자속 ϕ는 그림 15-1과 같이 그 크기가 같고, 회전방향이 서로 반대방향이며 동기속도로 회전하는 두 개의 회전자속 ϕ_+와 ϕ_-로 분해가 가능하다. 즉, $\phi = \phi_+ + \phi_-$이다. 따라서 단상유도전동기는 하나의 회전축에 회전 방향이 서로 반대인 두 개의 3상 유도전동기가 직결되어 있는 것으로 생각할 수 있다.

ϕ_+와 ϕ_-에 의해서 발생되는 토크 τ_+와 τ_-는 그 크기가 같고 방향은 그림 15-2에서와 같이 중심점에 대하여 서로 대칭이 된다. 그리고 회전자에 발생되는 전체 토크는 $\tau =$

$\tau_+ + \tau_-$이 되며 그림 15-2에서와 같다. 그림에서와 같이 전동기가 정지하고 있을 때, 즉 $s=1$ 의 경우에 $\tau = \tau_+ + \tau_- = 0$ 이 되고 기동토크는 없다. 그런데 어떤 방법으로 시계방향으로 회전시켜 주면, $\tau_+ > \tau_-$가 되고, $\tau = \tau_+ + \tau_- > 0$ 가 되어 시계방향의 토크가 발생되기 때문에 시계방향으로 회전을 계속할 수 있고 무부하이면 거의 동기속도로 회전할 수 있다. 이때의 토크-속도특성곡선은 $s=1$과 $s=0$ 사이의 곡선이다. 또 반시계방향으로 회전시켜 주면 $\tau_+ < \tau_-$가 되고, $\tau = \tau_+ + \tau_- < 0$ 가 되어 반시계방향으로 회전을 계속한다. 이때의 토크-속도특성곡선은 $s=1$과 $s=2$ 사이에 있는 곡선으로 표시된다.

결론적으로 단상유도전동기는 기동토크가 없기 때문에 기동할 수는 없으나, 어느 방향이든지 기동만 시켜주면 그 방향으로 토크가 발생되어 계속 회전할 수 있다. 단상유도전동기는 기동 방법이 여러 가지가 있으며 기동방법에 따라 명칭이 정해진다. 대표적인 단상유도전동기에는 분상기동형단상유도전동기, 콘덴서기동단상유도전동기, 콘덴서운전단상유도전동기, 반발기동형단상유도전동기, 셰이딩코일형 단상 유도전동기 등이 있다.

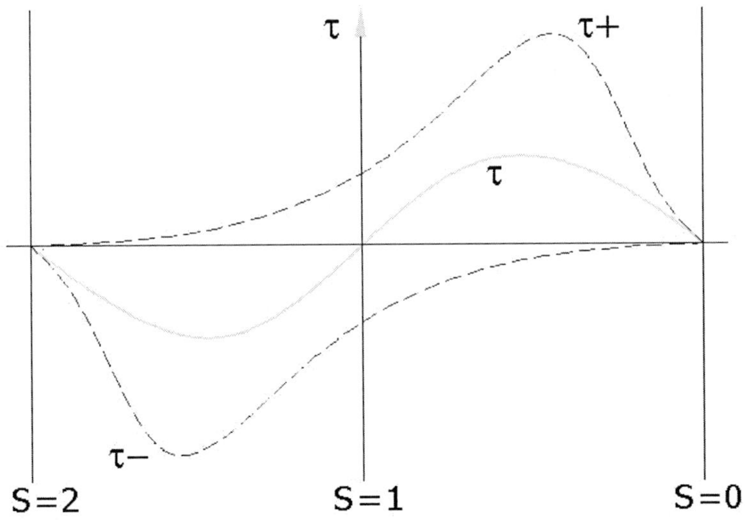

그림 15-2 단상 유도전동기의 토크속도곡선

(1) 분상기동형단상유도전동기의 기동 원리

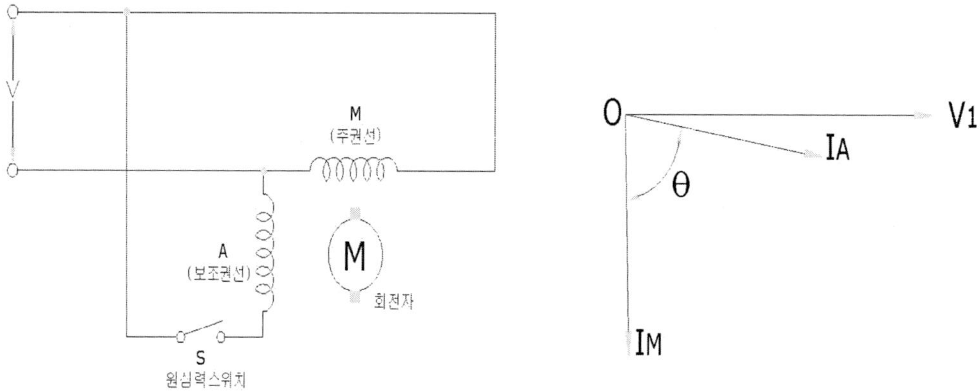

(a) 분상 유도 전동기의 구조 (b) 분상 유도전동기의 백터도

그림 15-3 분상기동형의 원리

교류전동기의 기동 및 운전을 하기 위해서는 단상 전원으로부터 2상을 만들어야 하며 이를 분상이라 한다. 분상은 일반적으로 교류전동기의 고정자 회로에서 만든다. 2상전류에 의해 완전한 회전자계를 만드는 것은 불가능하나, 부분적으로는 회전자계와 같은 특성을 갖는 이동자계를 발생시킬 수 있다. 분상을 위하서는 별도의 권선이 필요하며, 그림 15-3의 (a)에서와 같이 고정자의 주권선(운전권선, M)과 구별하여 기동권선이라 불리는 보조권선(기동권선, A)이 사용된다.

분상기동형단상유도전동기에서 보조권선인 기동권선은 전동기의 기동시에만 사용되며 고저항(R_A)과 저리액턴스(X_A)를 갖는다. 주권선인 운전권선은 저저항(R_M)과 고리액턴스(X_M)를 갖는다. 이 두 권선의 리액턴스 차이가 운전권선 전류(I_M)와 기동권선 전류(I_A) 사이에 위상차(θ)을 갖게 한다. 이상적으로는 2개 권선의 위상차가 거의 90°이어야 하나, 실제 전동기의 경우에는 [그림 15-3]의 (b)와 같이 90°보다는 훨씬 작으며 이에 의해 부분적으로 이동자계가 발생된다.

분상기동형단상유도전동기는 2개의 권선에 의해 발생되는 이동자계(부분적인 회전자계)에 의해 기동되며, 그중 하나인 보조권선은 전동기 회전속도가 정격속도의 75[%] 정도에 도달했을 때 원심력스위치에 의해 전원으로부터 개방된다. 회전자는 기동권선의 자계가 없이도 운전권선에 의해 발생된 교번자계에 의해 계속 회전할 수 있다.

분상기동형단상유도전동기에서 회전자계의 방향은 기동권선이나 주권선의 결선 방향을 반대로 연결함으로써 역전될 수 있다. 전동기 회전속도는 교류전원의 주파수와 고정자와 극수에 의해 좌우된다. 분상기동형단상유도전동기는 가장 간단한 단상 교류전동기이며, 가격이 저렴하므로 가장 널리 쓰인다.

(2) 콘덴서기동단상유도전동기의 기동 원리

분상전동기의 경우 주권선(M)의 전류(I_M)와 보조권선(A)의 전류(I_A)간의 위상차는 90°에 못 미친다. 반면 콘덴서기동전동기의 경우는 그림 15-4의 (b)와 같이 90°의 위상차가 가능하며 실제 설계시 이와 같이 되도록 설계한다. 따라서 발생되는 이동자계는 훨씬 원형에 가깝게 되고 기동특성이 크게 개선되어 200～300[%]의 기동토크를 얻을 수 있다.

기동권선에는 콘덴서를 직렬로 연결하여 사용한다. 이는 주권선(M)의 전류(I_M)와 보조권선(A)의 전류(I_A)간의 위상차를 90°로 유지시켜 주어 분상기동형 보다 훨씬 큰 기동 토크를 발생시키기 위함이다. 콘덴서기동전동기는 운전 시 분상전동기와 같은 특성을 지닌다. 분상전동기의 경우와 마찬가지로, 운전시에는 콘덴서와 기동권선은 원심력 스위치에 의해 개방된다.

콘덴서 기동전동기의 회전방향을 바꾸려면 분상전동기의 경우와 같이 주 권선이나 보조권선의 단자를 바꾸면 된다.

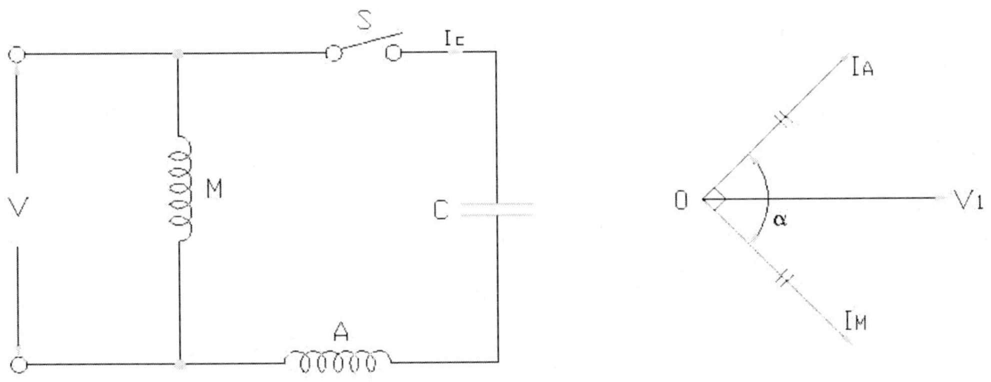

(a) 콘덴서 기동전동기　　　　(b) 콘덴서 기동기의 백터도

그림 15-4 콘덴서 기동전동기

(3) 콘덴서 운전단상유도전동기의 기동 원리

콘덴서운전단상전동기는 콘덴서기동단상전동기에서 운전 시 보조권선을 제거하지 않고 그대로 사용하는 경우에 해당된다. 따라서 보조권선에 흐르는 전류는 주권선의 전류와 90°의 위상차가 되어 정격부하 상태에서 2상 교류전동기로 된다. 그리고 보조권선인 콘덴서회로에 원심력스위치가 필요치 않다.

콘덴서 전동기는 기동토크가 매우 작으므로, 큰 부하의 기동조건하에서의 사용은 바람직하지 못하다. 콘덴서 전동기는 선풍기, 냉장고, 세탁기 등에 널리 사용된다.

(4) 반발기동형단상유도전동기의 기동 원리

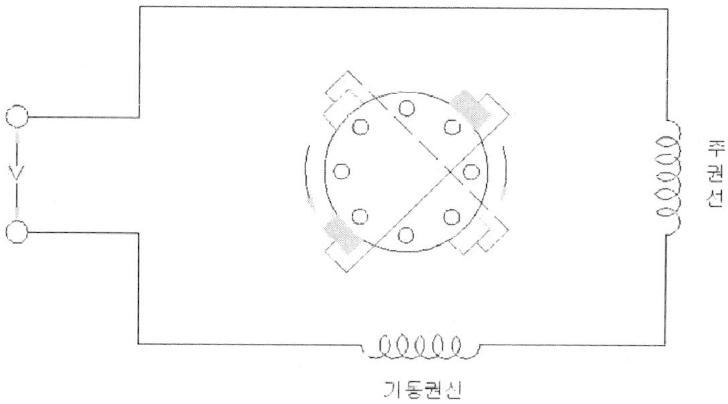

그림 15-5 반발 기동형

콘덴서기동전동기가 큰 기동토크를 필요로 하는 분야에 사용이 보편화되기 전에는 반발기동유도전동기가 사용되었다. 반발기동유도전동기는 다른 단상전동기들에 비해 값은 비싸지만, 큰 기동토크와 기동전류가 작다는 2가지 장점을 가진다.

회전자의 구조는 분상전동기보다 훨씬 복잡하다. 회전자는 DC기의 전기자권선, 특별히 고안된 정류자, 그리고 전동기가 거의 정격속도에 도달했을 때 모든 정류자들을 단락시키는 원심력 장치 등을 갖추고 있다. 반발기동유도전동기의 고정자는 단지 한 개의 권선이 사용된다는 점을 제외하고는 분상전동기의 고정자와 같으며 보조권선은 없다.

정격속도의 80[%]가 되는 속도에서 정류자는 단락되는데, 이 작용으로 인하여 전기적으로 농형이 되어서, 분상전동기의 동작 특성과 유사한 특성이 나타난다.

반발기동형 단상유도전동기는 그림 15-5와 같이 고정자에는 주권선과 기동권선이 있다. 회전자는 직류 전동기의 회전자와 비슷하다. 기동 시에는 그림에서와 같이 회전자권선을 브러시로 단락시켜 기동토크를 크게 하고, 전동기 속도가 70~80[%]에 도달하면 원심력 스위치가 동작하여 모든 정류자편이 단락되므로 농형회전자와 같이 되어 단상유도전동기로서 회전하게 된다. 회전방향을 반대로 하려면 그림에서와 같이 브러시를 이동시키거나, 주권선과 기동권선 중 하나의 접속 방향을 반대로 연결하면 된다.

(5) 셰이딩코일형단상유도전동기

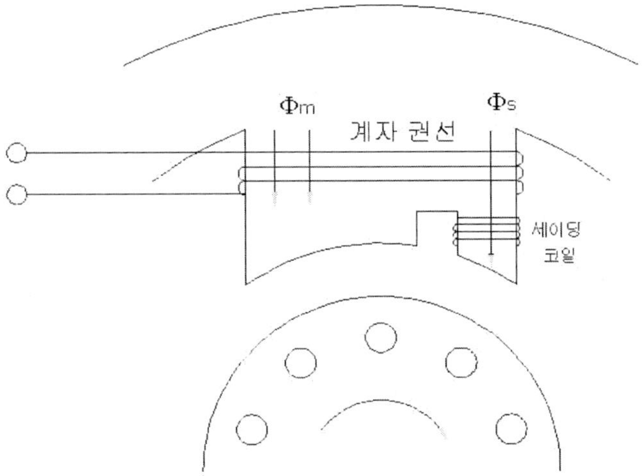

그림 15-6 셰이딩 코일형

셰이딩코일형단상유도전동기는 그림 15-6에서와 같이 자극에 슬롯을 만들어 코일을 감고 단락시키며 이 코일을 셰이딩코일이라 한다.

계자권선에 의하여 발생된 자속이 자극을 통과할 때 자속은 ϕ_m과 ϕ_s로 나뉘어 자극을 통과하게 된다. 이때 셰이딩코일에서의 전자유도 작용에 의하여 자속 ϕ_s는 ϕ_m보다 위상이 늦어지게 된다. 따라서 ϕ_m에서 ϕ_s의 방향으로 이동하는 이동자계가 발생되고 이에 의하여 회전자에는 토크가 발생되어 회전하게 된다. 셰이딩코일형 전동기는 기동토크가 매우 작다. 또 운전 중에 셰이딩코일에 전류가 흐르므로 효율과 역률이 모두 좋지 않다.

실험 16 단상콘덴서 기동유도전동기 실험

1 실험목적

① 콘덴서 기동전동기의 기동과 운전 방법을 익힌다.
② 콘덴서 기동전동기와 타 단상 유도전동기와의 특성을 비교 검토한다.

2 사용기기 및 재료

기본 공통 사용

①	기본장치함		1대
②	전원장치	3φ 3W AC 220[V], 3[A], DC 120[V] 3[A]	1대
③	리드선		1조

단상콘덴서 기동유도전동기 결선용

①	단상 유도전동기	AC 220[V] 200[W]	1대
②	전류계	AC 3[A]	2대
③	전압계	AC 250[V]	2대
④	단상전력계	AC 250[V], 3[A]	1대

3 실험 시 주의사항

① 단상 콘덴서 기동유도전동기의 회로도를 확인하고 결선에 임한다.
② 권선 접속 시 단락 사고에 각별히 주의할 것.
③ 단상 콘덴서 유도 전동기의 특성 실험을 할 때에는 전동기의 정격이 AC 220[V]이므로 정격전원(AC 220[V])의 가변 전원에 연결하고 실험하여야 한다.
④ 전동기의 전원을 급격하게 변화하면 전동기가 무리가게 되므로 급격한 변화는 삼가는 것이 좋다.

⑤ 전동기의 정격범위(1800 [rpm], AC 220[V])이므로 실험 진행시 정격의 80%~110% 내에서 실험을 진행하여야 한다. 정격범위를 벗어나는 회전수 및 전압에서 실험하는 경우 기계기구가 무리하게 된다.

⑥ 콘덴서 유도 전동기에서 기동권선 및 운전권선 콘덴서 등으로 구성 되어 있으며, 이때 각 권선의 결선 방법을 습득하여 올바른 결선을 하여야한다.

4 실험실습방법

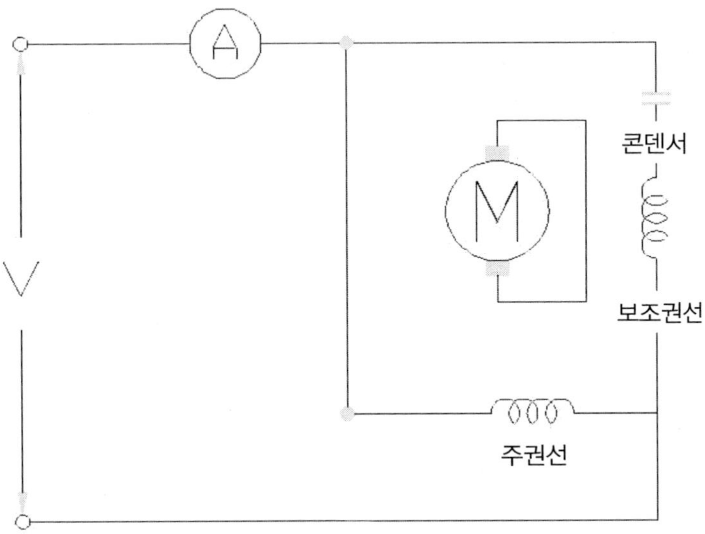

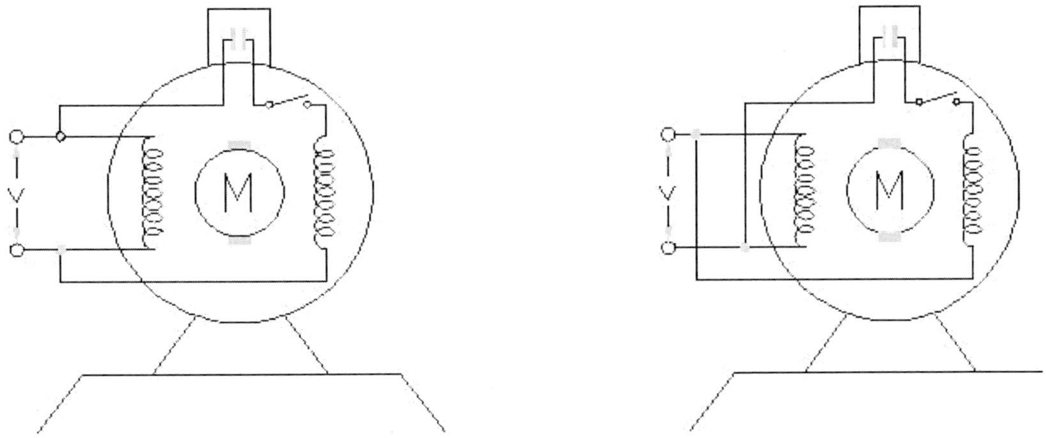

그림 16-1 콘덴서 기동형 유도전동기

① 실험에 사용하는 기계기구 및 계측기는 콘덴서 유도 전동기, 교류전류계, 교류전압계, 단상 전력계로 실험에 알 맞는 정격범위와 유의사항을 확인한다.

② 그림 15-7의 단상 콘덴서 유도 전동기의 회로도를 보고 각권선의 연결 위치를 확인하고 결선한다.

③ 전동기 결선시 운전 실험에서 전동기의 회전에 의한 계측기의 탈착 M-G set의 탈선과 사고가 없도록 장착에 주의하고 주변에 사고 위험한 도구는 자리를 이동 시킨다.

④ 단상 2선식 220[V] 가변 전원에 접속되어 있는지 확인하고 전원 투입 전 가변 전원의 범위를 0[V]에 조정 하고 전원투입 한다.

⑤ 가변 전원의 전압을 정격 범위까지 상승시키며 전동기의 회전 방향과 회전수가 정격 범위에 되어있는가 확인과 동시에 사용 중인 계기 지시 값이 L상 없는 지 관찰한다.

⑥ 전동기 및 계측기의 이상이 없는 경우 측정 범위 내에서 전압을 조절하며 실험 결과 측정값을 측정하여 기술한다.

⑦ 측정이 끝났으면 전원 차단 후 결과의 이상여부를 조원과 논의하고 정리한다.

5 실험결과

표 16-1 단상 콘덴서 유도전동기 전압 제어 실험

입력전압 V[V]	전류 [A]	전력 P[W]	RPM	P [VA]	HP	비고

6 연구문제

① 콘덴서 기동전동기의 기동특성과 운전특성을 설명하시오.

실험 17 단상콘덴서 운전유도전동기 실험

1 실험목적

① 콘덴서 운전전동기의 기동과 운전 방법을 익힌다.
② 콘덴서 운전전동기와 타 단상 유도전동기와의 특성을 비교 검토한다.

2 사용기기 및 재료

기본 공통 사용

①	기본장치함		1대
②	전원장치	3φ 3W AC 220[V], 3[A], DC 120[V] 3[A]	1대
③	리드선		1조

단상콘덴서 기동유도전동기 결선용

①	단상 유도전동기	AC 220[V] 200[W]	1대
②	전류계	AC 3[A]	2대
③	전압계	AC 250[V]	2대
④	단상전력계	AC 250[V], 3[A]	1대

3 실험 시 주의사항

① 단상 콘덴서 운전 유도 전동기의 회로도를 확인하고 결선에 임한다.
② 권선 접속 시 단락 사고에 각별히 주의할 것.
③ 단상 콘덴서 유도 전동기의 특성 실험을 할 때에는 전동기의 정격이 AC 220[V]이므로 정격전원(AC 220[V])의 가변 전원에 연결하고 실험하여야 한다.
④ 전동기의 전원을 급격하게 변화하면 전동기가 무리가게 되므로 급격한 변화는 삼가는 것이 좋다.

⑤ 전동기의 정격범위(1800 [rpm], AC 220[V])이므로 실험 진행시 정격의 80%~110% 내에서 실험을 진행하여야 한다. 정격범위를 벗어나는 회전수 및 전압에서 실험하는 경우 기계기구가 무리하게 된다.

⑥ 콘덴서 유도 전동기에서 기동권선 및 운전권선 콘덴서 등으로 구성 되어 있으며, 이때 각 권선의 결선 방법을 습득하여 올바른 결선을 하여야한다.

4 실험실습방법

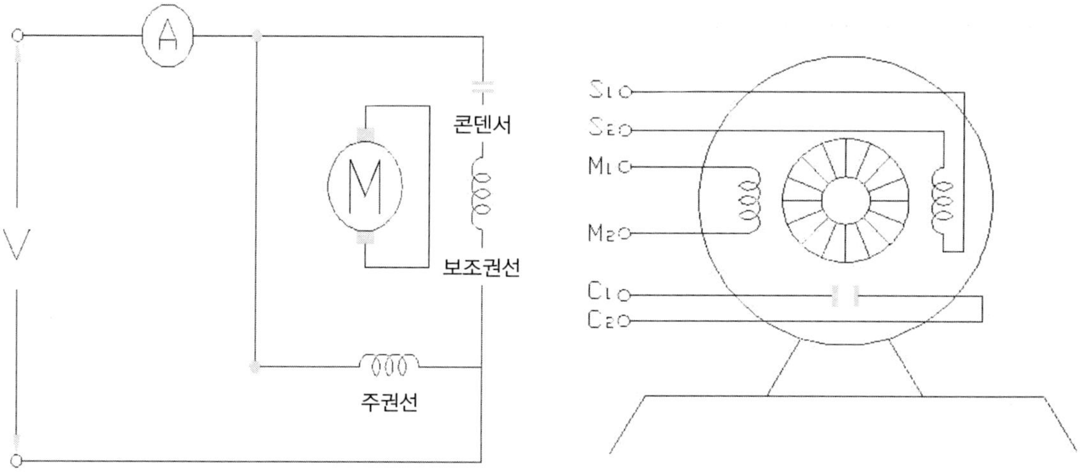

그림 17-1 콘덴서운전유도전동기

① 실험에 사용하는 기계기구 및 계측기는 콘덴서 유도 전동기, 교류전류계, 교류전압계, 단상 전력계로 실험에 알 맞는 정격범위와 유의사항을 확인한다.

② 그림 15-8의 단상 콘덴서 유도 전동기의 회로도를 보고 각권선의 연결 위치를 확인하고 결선한다.

③ 전동기 결선시 운전 실험에서 전동기의 회전에 의한 계측기의 탈착 M-G set의 탈선과 사고가 없도록 장착에 주의하고 주변에 사고 위험한 도구는 자리를 이동 시킨다.

④ 단상 2선식 220[V] 가변 전원에 접속되어 있는지 확인하고 전원 투입 전 가변 전원의 범위를 0[V]에 조정 하고 전원투입 한다.

⑤ 가변 전원의 전압을 정격 범위까지 상승시키며 전동기의 회전 방향과 회전수가 정격 범위에 되어있는가 확인과 동시에 사용 중인 계기 지시 값이 L상 없는 지 관찰한다.

⑥ 전동기 및 계측기의 이상이 없는 경우 측정 범위 내에서 전압을 조절하며 실험 결과 측정값을 측정하여 기술한다.

⑦ 측정이 끝났으면 전원 차단 후 결과의 이상여부를 조원과 논의하고 정리한다.

5 실험결과

표 17-1 단상 콘덴서 기동유도전동기 전압 제어 실험

입력전압 V[V]	전류 [A]	전력 P[W]	RPM	P [VA]	HP	비고

6 연구문제

① 콘덴서 기동전동기와의 차이점을 설명하시오.

② 콘덴서 운전전동기의 기동특성과 운전특성을 설명하시오.

실험 18 반발기동 유도전동기 실험

1 실험목적

① 반발기동 전동기의 기동과 운전 방법을 익힌다.
② 반발기동 전동기와 타 단상 유도전동기와의 특성을 비교 검토한다.

2 사용기기 및 재료

기본 공통 사용

①	기본장치함		1대
②	전원장치	3φ 3W AC 220[V], 3[A], DC 120[V] 3[A]	1대
③	리드선		1조

단상콘덴서 기동유도전동기 결선용

①	단상 반발유도전동기	AC 220[V] 200[W]	1대
②	전류계	AC 3[A]	2대
③	전압계	AC 250[V]	2대
④	단상전력계	AC 250[V], 3[A]	1대

3 실험 시 주의사항

① 단상 반발 유도 전동기의 회로도를 확인하고 결선에 임한다.
② 권선 접속 시 단락 사고에 각별히 주의할 것.
③ 단상 반발유도전동기의 특성 실험을 할 때에는 전동기의 정격이 AC 220[V]이므로 정격전원(AC 220[V])의 가변 전원에 연결하고 실험하여야 한다.
④ 전동기의 전원을 급격하게 변화하면 전동기가 무리가게 되므로 급격한 변화는 삼가는 것이 좋다.

⑤ 전동기의 정격범위(1800 [rpm], AC 220[V])이므로 실험 진행시 정격의 80%~110% 내에서 실험을 진행하여야 한다. 정격범위를 벗어나는 회전수 및 전압에서 실험하는 경우 기계기구가 무리하게 된다.

⑥ 반발 유도 전동기의 원리를 이해하는 실험으로 권선의 특성을 이해하도록 노력 하여야한다.

4 실험실습방법

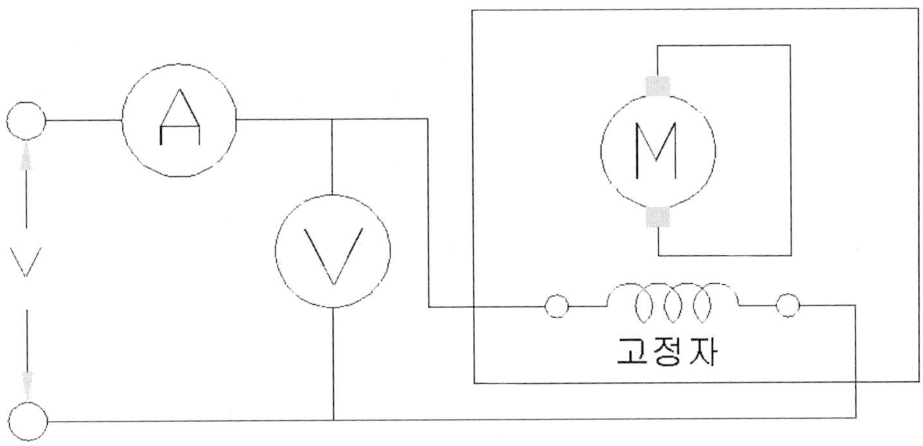

그림 18-1 반발기동유도전동기

① 실험에 사용하는 기계기구 및 계측기는 반발 유도 전동기, 교류전류계, 교류전압계, 단상 전력계로 실험에 알 맞는 정격범위와 유의사항을 확인한다.

② 그림 15-9의 반발 유도 전동기의 회로도를 보고 각권선의 연결 위치를 확인하고 결선한다.

③ 전동기 결선시 운전 실험에서 전동기의 회전에 의한 계측기의 탈착 M-G set의 탈선과 사고가 없도록 장착에 주의하고 주변에 사고 위험한 도구는 자리를 이동 시킨다.

④ 단상 2선식 220[V] 가변 전원에 접속되어 있는지 확인하고 전원 투입 전 가변 전원의 범위를 0[V]에 조정 하고 전원투입 한다.

⑤ 가변 전원의 전압을 정격 범위까지 상승시키며 전동기의 회전 방향과 회전수가 정격 범위에 되어있는가 확인과 동시에 사용 중인 계기 지시 값이 L상 없는 지 관찰한다.

⑥ 전동기 및 계측기의 이상이 없는 경우 측정 범위 내에서 전압을 조절하며 실험 결과 측정값을 측정하여 기술한다.

⑦ 측정이 끝났으면 전원 차단 후 결과의 이상여부를 조원과 논의하고 정리한다.

5 실험결과

표 18-1 반발기동 전동기 전압 제어 실험

입력전압 V[V]	전류 [A]	전력 P[W]	RPM	P [VA]	HP	비고

6 연구문제

① 콘덴서 기동전동기의 기동특성과 운전특성을 설명하시오.

실험 19 전자개폐기를 사용한 단상유도전동기 제어

1 실험목적

① 단상 전동기 사용 장소에 따른 결선 방법을 습득한다.

② 단상유도전동기 기동, 운전방법을 습득 한다.

2 사용기기 및 재료

기본 공통 사용

①	기본장치함		1대
②	전원장치	3φ 3W AC 220[V], 3[A], DC 120[V] 3[A]	1대
③	리드선		1조

단상콘덴서 기동유도전동기 결선용

①	단상 유도전동기	AC 220[V] 200[W]	1대
②	전류계	AC 3[A]	2대
③	전압계	AC 250[V]	2대
④	단상전력계	AC 250[V], 3[A]	1대
⑤	전자개폐기	5A 2B 220[V]	2대
⑥	릴레이	8pin 220[V]	1대
⑦	타미머	8pin 220[V]	1대
⑧	램프	220[V] 30[W]	3개

3 실험 시 주의사항

① 단상 콘덴서 전동기의 회로도를 확인하고 결선에 임한다.

② 제어회로 결선시 회로의 단락 사고에 주의하여야 한다.

③ 단상 콘덴서 유도 전동기의 특성 실험을 할 때에는 전동기의 정격이 AC 220[V]이므로 정격전원(AC 220[V])의 가변 전원에 접속이 가능하나 제어회로는 고정전원에 접속하여야 한다.

4 실험실습방법

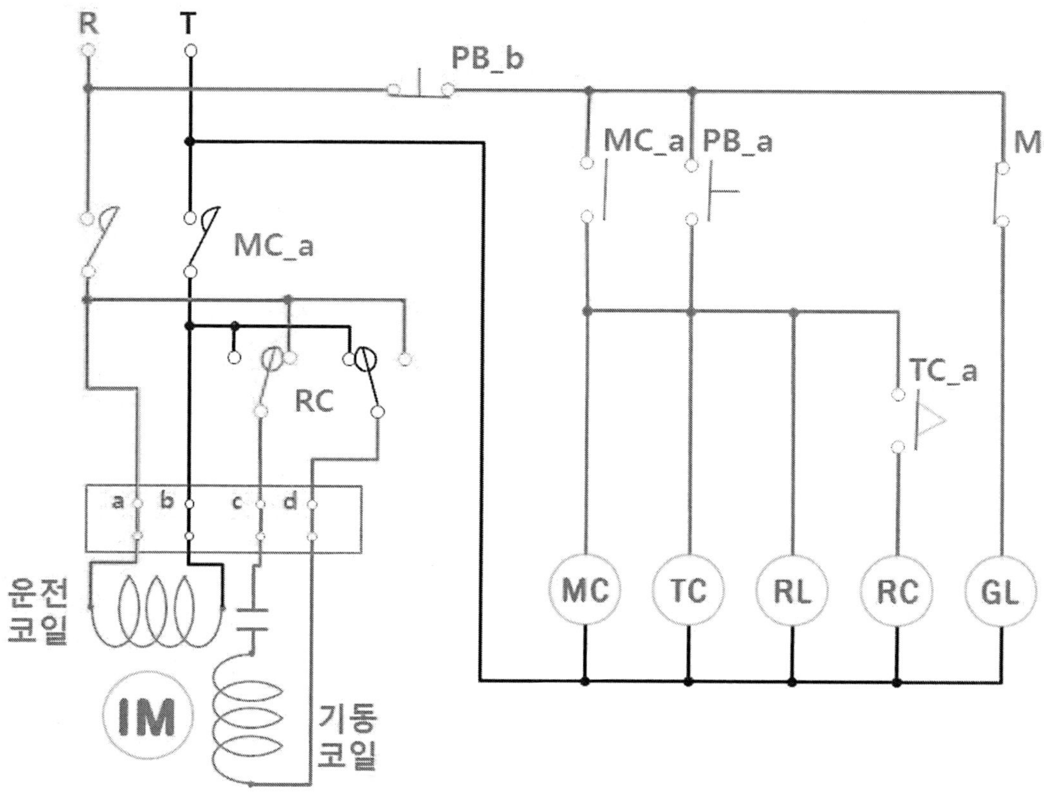

그림 19-1 계전기를 이용한 유도전동기 제어

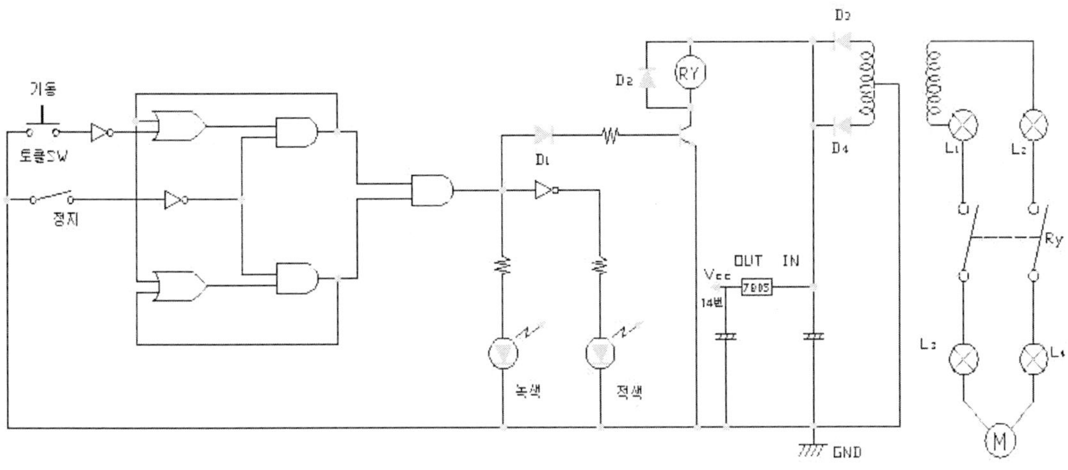

그림 19-2 전자회로를 이용한 유도전동기 제어

① 실험에 사용하는 기계기구 및 계측기는 콘덴서 유도 전동기, 교류전류계, 교류전압계, 단상 전력계로 실험에 알 맞는 정격범위와 주의사항을 확인한다.

② 그림 15-10, 그림 15-11의 유도 전동기에 적당한 제어회로를 선택, 제어회로의 동작 상태를 확인하고 결선한다.

③ 전동기 결선시 운전 실험에서 전동기의 회전에 의한 계측기의 탈착 M-G set의 탈선과 사고가 없도록 장착에 주의하고 주변에 사고 위험한 도구는 자리를 이동 시킨다.

④ 제어회로의 이상 유무를 담당교수에게 확인 받고 이상이 없을시 유도전동기와 결선한다.

⑤ 본회로의 정격은 AC 220[V]이므로 AC 220[V]전원에 접속하여야 한다.

⑥ 본 실험에서 주의하여야 할 사항은 전동기의 전원 연결은 0~220[V]까지 가변 전원에 접속하여 제어가 가능하나 제어회로의 전원은 220[V] 정격전원이 공급되어야만 회로 오작동을 방지할 수 있다.

⑦ 측정이 끝났으면 전원 차단 후 결과의 이상여부를 조원과 논의하고 정리한다.

전기기기실험

1판 6쇄 2026년 2월 25일

저 자 정완섭 / 김양배
발행인 송광헌
발행처 **복두(더)**
주 소 서울특별시 영등포구 경인로 82길 3-4
센터플러스 807호
(우) 07371
전 화 02-2164-2580
FAX 02-2164-2584
등 록 1993. 11. 22. 제 10-902 호

정가 : 12,000원
ISBN : 978-89-8000-387-7 93560

한국과학기술출판협회 회원사